农村人居环境整治研究

以北京市农村生活污水治理为例

周中仁◎著

北 京

图书在版编目（CIP）数据

农村人居环境整治研究：以北京市农村生活污水治理为例 / 周中仁著 . --北京：中国经济出版社，2023. 11

ISBN 978-7-5136-7526-0

Ⅰ. ①农… Ⅱ. ①周… Ⅲ. ①农村-生活污水-污水处理-研究-北京 Ⅳ. ①X703

中国国家版本馆 CIP 数据核字（2023）第 202050 号

责任编辑　罗　茜
责任印制　马小宾
封面设计　久品轩设计

出版发行　中国经济出版社
印 刷 者　河北宝昌佳彩印刷有限公司
经 销 者　各地新华书店
开　　本　710mm×1000mm　1/16
印　　张　14. 5
字　　数　215 千字
版　　次　2023 年 11 月第 1 版
印　　次　2023 年 11 月第 1 次
定　　价　88. 00 元
广告经营许可证　京西工商广字第 8179 号

中国经济出版社 **网址** www. economyph. com **社址** 北京市东城区安定门外大街 58 号 **邮编** 100011
本版图书如存在印装质量问题，请与本社销售中心联系调换（联系电话：010-57512564）

前 言
PREFACE

良好的人居环境，是广大农民的殷切期盼。改善农村生态环境，建设美丽宜居乡村，是实施乡村振兴战略、区域协调发展战略、可持续发展战略的重要任务，是实现城乡融合与建设生态文明的重要载体，也是中华民族实现伟大复兴的必然要求。习近平总书记多次强调，农村环境整治这个事，不管是发达地区还是欠发达地区都要搞，但是标准可以有高有低，要因地制宜、精准施策，不搞“政绩工程”“形象工程”，一件事情接着一件事情办，一年接着一年干，建设好生态宜居的美丽乡村，让广大农民在乡村振兴中有更多的获得感、幸福感。

回溯人类发展史，从原始社会、奴隶社会、封建社会、资本主义社会到现代社会，人类文明的发展是人与自然之间的关系不断调整和互相适应的过程，是人类对自然的认知和改造能力不断提升的过程。中华文明根植于农耕文明，起源于农业、农村，博大精深、源远流长，历史上众多先贤对农村建设进行了积极探索，积累了丰富的实践经验，提升了农村环境宜居水平。优质的农村生态，良好的人居环境，可以说是千百年来中国人民勤劳奋斗、矢志不渝的追求目标。在现代社会之前的人类漫长历史中，受科技等生产力发展水平所限，叠加自然灾害和战乱不断，尽管出现“阡陌交通，鸡犬相闻”“千里莺啼绿映红，水村山郭酒旗风”“水绕陂田竹绕篱，榆钱落尽槿花稀”等安居乐业、生态宜居之景象，但整体来看我国农村人居环境受到政府管理者和农民自身的关注不够，农村建设处于较低水平。

中国共产党的领导具有划时代意义，她从建立之初就把谋取中华民族伟大复兴确立为自己的初心使命，这个复兴是多维的、全面的，不仅包括政治、经济、科技、文化、军事、外交，还包括生活质量（物质和精神）和生态环境质量等。在社会主义革命和建设时期，中国共产党为改变农村贫穷落后的面貌而不懈努力和艰苦奋斗着。这一时期，中国广大农民主要为生存和繁衍而奋力拼搏，重点解决长期困扰农民的温饱难题，成就斐然，但是对整体生活环境仍然关注不够，处于粗放状态。直至改革开放，中国农业和农村迎来了翻天覆地的变化，从解决温饱到不断追求生活质量的改善，人们逐渐关注自身的生活环境。20 世纪 80 年代，我国把保护环境作为基本国策。随着农村经济的日益壮大，我国农村生态环境也不断得到重视，逐渐形成了生态村、生态乡镇、生态县等不同层次的生态农业建设体系，良好的农村人居环境成为各类建设的重要落脚点。

进入 21 世纪，中国经济得到快速发展，初步具备了工业反哺农业、城市支持农村的经济实力，通过统筹城乡发展以遏制城乡差距扩大的趋势，农村建设迎来了重要发展机遇。2005 年，党的十六届五中全会通过了《中共中央关于制定国民经济和社会发展第十一个五年规划的建议》，正式提出社会主义新农村建设，并且把新农村建设放在经济社会发展工作的第一位，列为具体实施和实践的第一篇章，重视程度可见一斑。随之而来的是农村基础设施建设投入的快速增长。2006 年，中央一号文件《关于推进社会主义新农村建设的若干意见》，聚焦“社会主义新农村建设”，落实党的十六届五中全会提出的建设社会主义新农村的重大历史任务。社会主义新农村建设是贯彻落实科学发展观的重大举措，要按照“生产发展、生活宽裕、乡风文明、村容整洁、管理民主”五个具体要求全面推进。其中，村容整洁是农民生活环境的直观显现和展示农村风貌的窗口，是实现人与环境和谐发展的必然要求。它要求改善农村人居环境，改变村容村貌，进行村庄整治，创造适宜人居、整洁优美的社会主义新农村。

特别是党的十八大以来，以习近平同志为核心的党中央坚持把解决好“三农”问题作为全党工作重中之重，坚持农业农村优先发展，把建设好生态宜居的美丽乡村作为其重要目标。2015 年 5 月，国务院办公厅印发了《关于改善农村人居环境的指导意见》。该指导意见提出，到 2020 年全国农村基本住房、饮用水水源、公共交通等基本生活条件应得到明显改善，基本实现干净、整洁、便捷的乡村人居环境，并要建成一批具有地方特色的美丽宜居乡村。2017 年，党的十九大报告首次提出乡村振兴战略，提出按照“产业兴旺、生态宜居、乡风文明、治理有效、生活富裕”的总要求，建立健全城乡融合发展体制机制和政策体系，加快推进乡村治理体系和治理能力现代化，加快推进农业农村现代化。在农村人居环境方面，关键词由新农村时的村容整洁转变为当前的生态宜居，内容既一脉相承，内涵又不断丰富，标准质量要求更高。2018 年 2 月，中央一号文件《中共中央　国务院关于实施乡村振兴战略的意见》发布，文件围绕实施好乡村振兴战略，谋划了一系列重大举措，确立起了乡村振兴战略的“四梁八柱”，是实施乡村振兴战略的顶层设计，提出推进乡村绿色发展，打造人与自然和谐共生发展新格局。

乡村振兴，生态宜居是关键。良好的生态环境是农村最大优势和宝贵财富。必须尊重自然、顺应自然、保护自然，推动乡村自然资本加快增值，实现百姓富、生态美的统一。党的二十大擘画了全面建设社会主义现代化国家、以中国式现代化全面推进中华民族伟大复兴的宏伟蓝图，吹响了奋进新征程的时代号角。党的二十大报告强调继续坚持农业农村优先发展，统筹乡村基础设施和公共服务布局，提升环境基础设施建设水平，推进人居环境整治，建设宜居宜业和美乡村。必须深刻认识到，全面建设社会主义现代化国家，满足人民美好生活需要，离不开人居环境的高质量发展，而最艰巨最繁重的任务仍然在农村。

北京作为中国首都、首善之区，是向全世界展示中国的首要窗口，一直备受国内外关注。众所周知，农村地区是中国城乡发展的短板，也是人居环境整治的重点区域，北京亦是如此。加快推进农村人居环境质量提升，建设生态宜居的美丽家园，既是北京实现建成高水平的国际一流和谐宜居之都这一宏伟发展目标的重要拼图，也是北京为其他地区做出表率的应有之义。北京农村人居环境大规模整治主要发生在2000年之后，而其中两个关键节点围绕新农村建设和乡村振兴战略实施。新农村建设时期，北京市农村人居环境整治重点实施的代表性工作有“5+3”工程[①]、山区搬迁工程等；美丽乡村建设是乡村振兴的重要内容，是新农村建设的持续深入，北京市重点实施了煤改清洁能源工程、垃圾治理和污水治理行动计划、厕所革命，等等。近年来，在政策的接力支持下，政府、企业、社会组织和当地居民等各方力量对农村建设投入了大量物力和财力，北京市农村人居环境宜居水平得到了显著提升。

习近平总书记指出：“乡村振兴了，环境变好了，乡村生活也越来越好了。要继续完善农村公共基础设施，改善农村人居环境，重点做好垃圾污水治理、厕所革命、村容村貌提升，把乡村建设得更加美丽。”由于农村人居环境整治关乎民生福祉，随着经济发展和人民生活水平的不断提高，这项工程还将长期持续深入推进，并得到更多重视。各地积极探索实践，不断加大投入并创新举措，形成了一批有效经验和模式，浙江的“千万工程”即为其中的标杆。在取得的巨大成绩背后，农村人居环境整治工作也存在规划不科学、追量轻质、重建轻管等问题，造成了一些规划没有达到预期成效、工程项目重复建设或质量不达标等现象，既浪费了大量人力、物力、财力，也在人民群众中产生了不良影响。2022年中央一号文件明确提出，要扎实稳妥推进乡村建设，接续实施农村人居环境整治提升五年行动。因此，梳理总结农村人居环境整治中存在的主要问题，并对问题背后的原因进行科学分析及提出有效对

---

① “5+3”工程即新农村建设“五项基础设施”和“三起来”工程。“五项基础设施”指的是村庄街坊路硬化和两侧绿化、供水老化管网改造和一户一表、污水处理、垃圾处理、厕所改造；“三起来”指的是让农村亮起来、让农户暖起来、让农业资源循环起来。

策建议，是后续提升其建设成效的有效举措。

农村人居环境整治点多、线长、面广，工作千头万绪，是一项长期、复杂、艰巨的系统工程。只有因地制宜，明确方向，找准切入点，精准发力，久久为功，这项工作才能取得实质进展与显著成效。同样，关于农村人居环境整治研究，也要抓住关键，聚焦问题，尽量避免面面俱到，否则很难深入探究。结合各地开展工作的实践可见，农村生活污水治理是当前人居环境整治工作的重点和难点之一。虽然对生活污水治理的技术研究较为成熟，且类型多样，但由于投资较大且现实中影响技术成效的因素较多，造成各地农村生活污水治理整体效果不理想。当前，北京正按照“清脏、治乱、控污、增绿”的要求，持续开展农村人居环境整治工作，农村污水治理是其中的关键和重要短板。鉴于此，本书在对北京市农村人居环境整治现状的宏观战略分析基础之上，把农村生活污水治理作为具体研究对象进行解析，总结实践经验和成果，这既是提升农村生活污水治理成效的现实需求，也能够为北京乃至全国农村人居环境整治工作的有效推进提供参考。

本书以宏观和微观相结合的思路对北京市农村人居环境整治工作进行系统研究，共包含上下两编共十章内容。上编包括第一章和第二章，第一章主要是对农村人居环境整治的主要内容、技术模式和国内外典型区域发展经验进行总结；第二章系统地研究了北京市农村人居环境整治的主要历程、现状成效、存在的问题、下一阶段整治工作的实施路径以及改善北京农村人居环境的对策建议。下编包括第三章到第十章，即在北京农村人居环境整治工作的宏观战略分析基础上，以农村生活污水治理问题为案例进行全面深入的分析。第三章到第五章对农村污水来源与特征、农村生活污水排放的标准要求、农村生活污水处理技术装备的发展现状以及农村生活污水处理设施建设运行成本等内容进行了系统梳理与比较研究，为北京农村生活污水处理技术工艺研究提供理论与实践支撑。第六章总结了北京农村生活污水处理现状，主要包括北京农村生活污水治理工作发展的历程、污水处理设施的政策关联性、农村生活污水处理设施的建设现状以及技术工艺应用情况。第七章对北京农村生活污水处理设施运行中存在的问题以及污水处理设施停运的成因进行了科学解析。第八章和第九章选用适宜的评价方法对北京市农村生活污水处理技术装备进行了综合评价，并对主要污水处理技术工艺的适宜范围进行了科学分析与推荐。第十章就提升北京市农村生活污水治理水平提出了具体的对策建议。

周中仁

2023 年 8 月于北京

目 录
CONTENTS

上 编

农村人居环境整治战略分析
——北京农村人居环境整治研究

下 编

农村人居环境整治案例分析
——北京农村生活污水治理

上　编

农村人居环境整治战略分析

——北京农村人居环境整治研究

第一章

农村人居环境整治的国内外经验

一、农村人居环境相关概念解析

农村生态环境与农村人居环境二者既相互关联又有区别。

（一）农村生态环境

农村生态环境的概念较为宽泛，是指以农村居民为中心的乡村区域范围内，各种天然的和经过人工改造的自然因素的总和，它既包括农村自然环境也包括农村社会环境。一般意义上，构成农村自然环境的要素包括大气环境、水体环境、土壤环境；构成农村社会环境的要素包括生物环境、农业环境、农村人口环境、农民生活环境等。这些要素相互影响、彼此制约，只要其中的一个要素发生变化，就可能影响到农村生态环境这个大综合体。

农村生态环境又可以从农村生态保护和农村环境治理两个方面理解。农村生态保护主要是解决农村生态破坏问题，解决人类活动所导致的森林破坏、水土流失、土地荒漠化、过度捕捞、生物灭绝等问题。农村环境治理，即通过分析农村环境污染现状，探寻农村环境污染的原因，并提出治理农村污染的对策与措施。可见，农村生态环境是涉及广大农民切身利益的大事，是农村经济社会持续稳定协调发展的基本物质条件。农村生态环境建设的实质是对农村范围内的生态环境的保护、改良与合理利用。很多专家学者都对此进行了论述。经典的如恩格斯指出："美索不达米亚、希腊、小亚细亚以及其他各地的居民，为了得到耕地，毁灭了森林，但是他们做梦也想不到，这些地方今天竟因此而成为不毛之地，因为他们使这些地方失去了森林，也就失去了水分的积聚中心和贮藏库。"美国生物学家蕾切尔·卡森在《寂静的春天》中全方位揭露了化学农药的危害。蕾切尔·卡森呼吁公众制止那些关于有毒化学品使用的公共计划，认为这些计划将最终毁掉地球上的生命。蕾切尔·卡森希望人们在了解真相后采取有针对性的行动。

（二）农村人居环境

农村人居环境是人居环境在农村区域的延伸。人居环境一般包括城镇人居环境和农村人居环境。吴良镛先生将人居环境定义为"人类聚居生活的地方，人类利用自然、改造自然的主要场所，是人类在大自然中赖以生存的基础"，人居环境科学的研究对象是包括乡村、集镇、城市等在内的所有人类聚落，着重研究人与环境之间的相互关系。吴良镛在强调把人类聚落作为一个整体开展研究的同时，借鉴道氏"人类聚居学"将人类聚落的构成划分为自然、人类、社会、居住、支撑五大系统。在人居环境中，自然系统为居民生活奠定物质基础；人类系统与社会系统是人居软环境的总和，关乎人的个体发展以及聚落成员所组成的集体的发展；居住系统与支撑系统是人居硬环境的主体，是人类以生存和生活为目的对自然进行改造与建设的结果。

农村人居环境作为人居环境的一个重要领域，是乡村区域内农户生产生活所需物质和非物质的有机结合体，是一个动态的复杂巨系统，包括自然生态环境、人文环境和地域空间环境。农村人居环境既包括气候条件、自然资源、区位特征等生态环境和不同经济发展水平创造的宏观经济环境，也包括住宅、基础设施等硬环境，以及信息交流等软环境，反映出乡村的地理空间、生活状况和社会之间的关系，是一个相互依存和相互影响的有机整体。彭震伟等认为，农村人居环境由农村的社会环境、自然环境和人工环境构成，能综合反映农村的生态、社会等方面。吕建华等认为，农村人居环境治理是政府、村民、社会组织、企业等利益相关者为实现农村人居环境的可持续发展，运用资源、权力，互相协调，实现农村人居环境的整洁美好，最终实现人类社会和谐的管理过程。

二、农村人居环境整治主要内容

2017 年 10 月，党的十九大报告首次提出实施乡村振兴战略，明确要求开展农村人居环境整治行动。2017 年 11 月召开的十九届中央全面深化改革领导小组第一次会议审核通过了《农村人居环境整治三年行动方案》。2018 年 2 月，中共中央办公厅、国务院办公厅印发了《农村人居环境整治三年行动方案》。《农村人居环境整治三年行动方案》是为加快推进农村人居环境整治，进一步提升农村人居环境水平而制定的法规，在我国农村人居环境整治工作中具有历史意义。《农村人居环境整治三年行动方案》围绕农村人居环境中的重点难点问题开展工作，重点任务主要涉及农村生活垃圾治理、厕所粪污治理、农村生活污水治理、提升村容村貌、加强村庄规划管理、完善建设和管护机制等六大任务。到 2020 年底，三年行动方案目标任务全面完成，农村人居环境得到明显改善，农村长期存在的脏乱差局面扭转，村庄环境基本实现干净整洁有序，农民生活质量普遍提高，为全面建成小康社会提供了有力支撑。

当前，我国农村人居环境总体质量水平不高，还存在区域发展不平衡、基本生活设施不完善、管护机制不健全等问题，与农业农村现代化要求和农民群众对美好生活的向往还有差距。为加快推进新发展阶段农村人居环境水平提升，2021 年中央农村工作领导小组办公室、国家发展改革委、农业农村部、国家乡村振兴局会同生态环境部、住房城乡建设部等有关部门编制了《农村人居环境整治提升五年行动方案（2021—2025 年）》，并由中共中央办公厅、国务院办公厅印发。该方案以扎实推进农村厕所革命（逐步普及农村卫生厕所、切实提高改厕质量，加强厕所粪污无害化处理与资源化利用），加快推进生活污水垃圾治理（分区分类推进治理、加强农村黑臭水体治理），全面提升农村生活垃圾治理水平（健全生活垃圾收运处置体系，推进农村生活垃圾分类减量与利用），推动村容村貌整治提升（改善村庄公共环境，推进乡村绿化美化、加强乡村风貌引导）和建立长效管护机制（持续开展村庄清洁行动、健全农村人居环境长效管护机制）为重点。

综上所述，农村人居环境是一个复杂的巨系统，涉及面广，整治内容多。从《农村人居环境整治三年行动方案》到《农村人居环境整治提升五年行动方案（2021—2025 年）》的实践来看，农村人居环境整治的重点工作内容既保持相对稳定又是阶段变化的，并且不同地域因自然条件和经济社会发展水平等不一致，关注的重点、建设目标也有所不同，突出因地制宜、不搞“一刀切”是其中一条重要的经验（见表 1-1、表 1-2）。从当前我国农村地区整体发展来看，人居环境中最突出的矛盾是垃圾污水等带来的环境污染以及村庄风貌文化保护与提升。

表 1-1　三年行动方案与五年行动方案的主要整治内容比较

整治内容	三年行动方案	五年行动方案
农村生活垃圾治理	统筹考虑生活垃圾和农业生产废弃物利用、处理，建立健全符合农村实际、方式多样的生活垃圾收运处置体系。有条件的地区要推行适合农村特点的垃圾就地分类和资源化利用方式。开展非正规垃圾堆放点排查整治，重点整治垃圾山、垃圾围村、垃圾围坝、工业污染“上山下乡”	健全生活垃圾收运处置体系。根据当地实际，统筹县、乡、村三级设施建设和服务，完善农村生活垃圾收集、转运、处置设施和模式，因地制宜采用小型化、分散化的无害化处理方式，降低收集、转运、处置设施建设和运行成本，构建稳定运行的长效机制，加强日常监督，不断提高运行管理水平。 推进农村生活垃圾分类减量与利用。加快推进农村生活垃圾源头分类减量，积极探索符合农村特点和农民习惯、简便易行的分类处理模式，减少垃圾出村处理量，有条件的地区基本实现农村可回收垃圾资源化利用、易腐烂垃圾和煤渣灰土就地就近消纳、有毒有害垃圾单独收集贮存和处置、其他垃圾无害化处理。有序开展农村生活垃圾分类与资源化利用示范县创建。协同推进农村有机生活垃圾、厕所粪污、农业生产有机废弃物资源化处理利用，以乡镇或行政村为单位建设一批区域农村有机废弃物综合处置利用设施，探索就地就近就农处理和资源化利用的路径。扩大供销合作社等农村再生资源回收利用网络服务覆盖面，积极推动再生资源回收利用网络与环卫清运网络合作融合。协同推进废旧农膜、农药肥料包装废弃物回收处理。积极探索农村建筑垃圾等就地就近消纳方式，鼓励用于村内道路、入户路、景观等建设

续表

整治内容	三年行动方案	五年行动方案
厕所粪污治理	合理选择改厕模式，推进厕所革命。东部地区、中西部城市近郊区以及其他环境容量较小地区村庄，加快推进户用卫生厕所建设和改造，同步实施厕所粪污治理。其他地区要按照群众接受、经济适用、维护方便、不污染公共水体的要求，普及不同水平的卫生厕所。引导农村新建住房配套建设无害化卫生厕所，人口规模较大村庄配套建设公共厕所。加强改厕与农村生活污水治理的有效衔接。鼓励各地结合实际，将厕所粪污、畜禽养殖废弃物一并处理并资源化利用	逐步普及农村卫生厕所。新改户用厕所基本入院，有条件的地区要积极推动厕所入室，新建农房应配套设计建设卫生厕所及粪污处理设施设备。重点推动中西部地区农村户厕改造。合理规划布局农村公共厕所，加快建设乡村景区旅游厕所，落实公共厕所管护责任，强化日常卫生保洁。 切实提高改厕质量。科学选择改厕技术模式，宜水则水、宜旱则旱。技术模式应至少经过一个周期试点试验，成熟后再逐步推开。严格执行标准，把标准贯穿于农村改厕全过程。在水冲式厕所改造中积极推广节水型、少水型水冲设施。加快研发干旱和寒冷地区卫生厕所适用技术和产品。加强生产流通领域农村改厕产品质量监管，把好农村改厕产品采购质量关，强化施工质量监管。 加强厕所粪污无害化处理与资源化利用。加强农村厕所革命与生活污水治理有机衔接，因地制宜推进厕所粪污分散处理、集中处理与纳入污水管网统一处理，鼓励联户、联村、村镇一体处理。鼓励有条件的地区积极推动卫生厕所改造与生活污水治理一体化建设，暂时无法同步建设的应为后期建设预留空间。积极推进农村厕所粪污资源化利用，统筹使用畜禽粪污资源化利用设施设备，逐步推动厕所粪污就地就农消纳、综合利用
农村生活污水治理	根据农村不同区位条件、村庄人口聚集程度、污水产生规模，因地制宜采用污染治理与资源利用相结合、工程措施与生态措施相结合、集中与分散相结合的建设模式和处理工艺。推动城镇污水管网向周边村庄延伸覆盖。积极推广低成本、低能耗、易维护、高效率的污水处理技术，鼓励采用生态处理工艺。加强生活污水源头减量和尾水回收利用。以房前屋后河塘沟渠为重点实施清淤疏浚，采取综合措施恢复水生态，逐步消除农村黑臭水体。将农村水环境治理纳入河长制、湖长制管理	分区分类推进治理。优先治理京津冀、长江经济带、粤港澳大湾区、黄河流域及水质需改善控制单元等区域，重点整治水源保护区和城乡接合部、乡镇政府驻地、中心村、旅游风景区等人口居住集中区域农村生活污水。开展平原、山地、丘陵、缺水、高寒和生态环境敏感等典型地区农村生活污水治理试点，以资源化利用、可持续治理为导向，选择符合农村实际的生活污水治理技术，优先推广运行费用低、管护简便的治理技术，鼓励居住分散地区探索采用人工湿地、土壤渗滤等生态处理技术，积极推进农村生活污水资源化利用。 加强农村黑臭水体治理。摸清全国农村黑臭水体底数，建立治理台账，明确治理优先顺序。开展农村黑臭水体治理试点，以房前屋后河塘沟渠和群众反映强烈的黑臭水体为重点，采取控源截污、清淤疏浚、生态修复、水体净化等措施综合治理，基本消除较大面积黑臭水体，形成一批可复制、可推广的治理模式。鼓励河长制、湖长制体系向村级延伸，建立健全促进水质改善的长效运行维护机制

续表

整治内容	三年行动方案	五年行动方案
村容村貌整体提升	加快推进通村组道路、入户道路建设，基本解决村内道路泥泞、村民出行不便等问题。充分利用本地资源，因地制宜选择路面材料。整治公共空间和庭院环境，消除私搭乱建、乱堆乱放。大力提升农村建筑风貌，突出乡土特色和地域民族特点。加大传统村落民居和历史文化名村名镇保护力度，弘扬传统农耕文化，提升田园风光品质。推进村庄绿化，充分利用闲置土地组织开展植树造林、湿地恢复等活动，建设绿色生态村庄。完善村庄公共照明设施。深入开展城乡环境卫生整洁行动，推进卫生县城、卫生乡镇等卫生创建工作	改善村庄公共环境。全面清理私搭乱建、乱堆乱放，整治残垣断壁，通过集约利用村庄内部闲置土地等方式扩大村庄公共空间。科学管控农村生产生活用火，加强农村电力线、通信线、广播电视线“三线”维护梳理工作，有条件的地方推动线路违规搭挂治理。健全村庄应急管理体系，合理布局应急避难场所和防汛、消防等救灾设施设备，畅通安全通道。整治农村户外广告，规范发布内容和设置行为。关注特殊人群需求，有条件的地方开展农村无障碍环境建设。 推进乡村绿化美化。深入实施乡村绿化美化行动，突出保护乡村山体田园、河湖湿地、原生植被、古树名木等，因地制宜开展荒山荒地荒滩绿化，加强农田（牧场）防护林建设和修复。引导鼓励村民通过栽植果蔬、花木等开展庭院绿化，通过农村“四旁”（水旁、路旁、村旁、宅旁）植树推进村庄绿化，充分利用荒地、废弃地、边角地等开展村庄小微公园和公共绿地建设。支持条件适宜地区开展森林乡村建设，实施水系连通及水美乡村建设试点。 加强乡村风貌引导。大力推进村庄整治和庭院整治，编制村容村貌提升导则，优化村庄生产生活生态空间，促进村庄形态与自然环境、传统文化相得益彰。加强村庄风貌引导，突出乡土特色和地域特点，不搞千村一面，不搞大拆大建。弘扬优秀农耕文化，加强传统村落和历史文化名村名镇保护，积极推进传统村落挂牌保护，建立动态管理机制 持续开展村庄清洁行动。大力实施以“三清一改”（清理农村生活垃圾、清理村内塘沟、清理畜禽养殖粪污等农业生产废弃物，改变影响农村人居环境的不良习惯）为重点的村庄清洁行动，突出清理死角盲区，由“清脏”向“治乱”拓展，由村庄面上清洁向屋内庭院、村庄周边拓展，引导农民逐步养成良好卫生习惯。结合风俗习惯、重要节日等组织村民清洁村庄环境，通过“门前三包”等制度明确村民责任，有条件的地方可以设立村庄清洁日等，推动村庄清洁行动制度化、常态化、长效化。

续表

整治内容	三年行动方案	五年行动方案
建立健全管护机制	明确地方党委和政府以及有关部门、运行管理单位责任，基本建立有制度、有标准、有队伍、有经费、有督查的村庄人居环境管护长效机制。鼓励专业化、市场化建设和运行管护，有条件的地区推行城乡垃圾污水处理统一规划、统一建设、统一运行、统一管理。推行环境治理依效付费制度，健全服务绩效评价考核机制。鼓励有条件的地区探索建立垃圾污水处理农户付费制度，完善财政补贴和农户付费合理分担机制。支持村级组织和农村“工匠”带头人等承接村内环境整治、村内道路、植树造林等小型涉农工程项目。组织开展专业化培训，把当地村民培养成为村内公益性基础设施运行维护的重要力量。简化农村人居环境整治建设项目审批和招投标程序，降低建设成本，确保工程质量	健全农村人居环境长效管护机制。明确地方政府和职责部门、运行管理单位责任，基本建立有制度、有标准、有队伍、有经费、有监督的村庄人居环境长效管护机制。利用好公益性岗位，合理设置农村人居环境整治管护队伍，优先聘用符合条件的农村低收入人员。明确农村人居环境基础设施产权归属，建立健全设施建设管护标准规范等制度，推动农村厕所、生活污水垃圾处理设施设备和村庄保洁等一体化运行管护。有条件的地区可以依法探索建立农村厕所粪污清掏、农村生活污水垃圾处理农户付费制度，以及农村人居环境基础设施运行管护社会化服务体系和服务费市场化形成机制，逐步建立农户合理付费、村级组织统筹、政府适当补助的运行管护经费保障制度，合理确定农户付费分担比例

表 1-2　三年行动方案与五年行动方案的不同区域行动目标

区域	三年行动方案	五年行动方案
东部地区、中西部城市近郊区等有基础、有条件的地区	人居环境质量全面提升，基本实现农村生活垃圾处置体系全覆盖，基本完成农村户用厕所无害化改造，厕所粪污基本得到处理或资源化利用，农村生活污水治理率明显提高，村容村貌显著提升，管护长效机制初步建立	全面提升农村人居环境基础设施建设水平，农村卫生厕所基本普及，农村生活污水治理率明显提升，农村生活垃圾基本实现无害化处理并推动分类处理试点示范，长效管护机制全面建立

续表

区域	三年行动方案	五年行动方案
中西部有较好基础、基本具备条件的地区	人居环境质量有较大提升，力争实现90%左右的村庄生活垃圾得到治理，卫生厕所普及率达到85%左右，生活污水乱排乱放得到管控，村内道路通行条件明显改善	农村人居环境基础设施持续完善，农村户用厕所愿改尽改，农村生活污水治理率有效提升，农村生活垃圾收运处置体系基本实现全覆盖，长效管护机制基本建立
地处偏远、经济欠发达的地区	在优先保障农民基本生活条件的基础上，实现人居环境干净整洁的基本要求	农村人居环境基础设施明显改善，农村卫生厕所普及率逐步提高，农村生活污水垃圾治理水平有新提升，村容村貌持续改善

三、农村人居环境整治关键技术与模式

（一）农村生活垃圾治理

农村生活垃圾治理是农村人居环境整治和美丽乡村建设的重要内容之一。农村地区发展存在不平衡性，不同地域农村的资源条件，地形地貌，村庄的规模、布局及聚集程度，经济水平，道路交通条件，风俗习惯，居住方式等自然、经济及社会条件各不相同，因此，各地在处置生活垃圾时所采用的方式也不尽相同。农村生活垃圾主要包括厨余垃圾、渣土、废纸屑、塑料、玻璃、金属、砖瓦陶瓷、废旧电池、过期药品等，概括起来大致可以分为可回收垃圾、厨余垃圾、有害垃圾和其他垃圾。总的来看，现今农村生活垃圾处理模式主要有以下四种：就地就近集中处理模式、城乡一体化处理模式、分散式家庭处理模式和分散+城乡一体化处理模式。生活垃圾处理的目的是通过将垃圾迅速清除，并进行无害化处理，最后加以合理利用，从而实现垃圾的无害化、资源化和减量化。目前垃圾处理技术较为成熟，国内农村在处理生活垃圾方面存在多样化，采用的生活垃圾处理方式主要有堆肥、焚烧、填埋和综合利用。此外，一些新的农村生活垃

圾处理技术也具有较好的使用效果，如蚯蚓堆肥技术、垃圾衍生燃料技术、气化熔融处理技术、高温高压湿解技术和太阳能—生物集成技术等。

（二）畜禽粪污治理

畜禽粪便本来是良好的有机肥料，是发展循环农业的重要组成部分，但是随着养殖规模的不断扩大，以及化学肥料的替代，畜禽粪污在局部地区成为农村环境的重要污染源，对人居环境的改善造成了制约。畜禽粪污的治理技术主要有肥料化利用技术、饲料化利用技术和能源化利用技术。堆肥法是当前使用最广泛的畜禽养殖废弃物管理方法之一，该方法具有投资低和操作简单等优点。然而，堆肥过程中存在的氮素损失、重金属生物有效性高、有机质腐殖质含量低、抗生素残留、抗生素抗性基因（ARGs）的潜在风险和恶臭及温室气体排放等问题，在一定程度上限制了堆肥技术的产业化推广。可以通过外源添加功能材料或助剂，减小这些不利因素的影响，提高畜禽粪便的有效处理率，提升肥料质量。畜禽粪便因含有大量粗蛋白和钙等营养物质而被考虑可向饲料化应用的方向发展，其中最主要的是鸡的粪便。由于鸡的肠道较短，饲料中约70%的营养物质没有经过吸收即被排出体外，因此，鸡粪的营养价值较高，在饲料化利用方面最具有应用前景。为提高饲料的适口性，通常把秸秆、草料或其他粗饲料和畜禽粪便一起青贮，通过青贮法可以有效杀死虫卵和病原菌，减少粗蛋白流失。能源化技术是当前最受关注的畜禽粪便资源利用的发展方向。能源化技术的研发和应用有利于“减污降碳、协同增效”工作的实施，为我国经济社会发展和实现全面绿色转型贡献力量。当前能源化技术研究较多的主要有厌氧发酵技术、水热碳化技术、气化燃烧技术和柴油制备技术等。

（三）农村生活污水治理

农村生活污水治理是农村人居环境整治的短板。农村生活污水主要包括洗涤、沐浴、厨房洗刷、粪便及其冲洗水等，主要污染物有氨氮、总氮、总磷以及病原菌、寄生虫卵等。在农村，生活污水一般没有固定的排污口，排放较为随意，污水水量水质与城市污水存在较大差异，加之农村地理环境复杂多变，农村生活污水处理技术也较城市更为复杂。农村生活污水处理工作开展研究较晚，近年来随着经济社会快速发展，对农村人居环境水平的要求不断提高，农村生活污水处理问题的重要性日益得到重视。在农村生活污水治理中，农村、环保、水务部门和科研机构积极探索研究新技术、新工艺，以提升处理效果，降低处理成本，逐步解决农村污水处理设施占地广、能耗高、自动化水平低、维修困难等实际问题，一些实用、低能耗、低成本的技术得以推广应用。农村生活污水处理技术模式多样，采用的工艺可分为单一工艺和组合工艺。单一工艺主要有一体化MBR、生物接触氧化法、人工湿地、rCAA、A^2O、AO、过滤分离、VFL、生物滤池、生物转盘、膜分离、沉淀分离、超磁分离、土地渗滤、生物膜法、物理处理法、活性污泥法、SBR、厌氧生物滤池和AO^2。这些工艺技术概括起来，可分为五大类，即净化槽污水处理技术、氧化塘污水处理技术、厌氧沼气池处理技术、人工湿地污水处理技术和一体化地埋式污水处理技术。

（四）农村厕所改造

小厕所，大民生。厕所卫生是衡量一个国家和地区文明程度的标志之一，既体现着文明，也体现着人的尊严和基本权利。农村厕所革命关系到亿万农民群众生活品质的改善，是乡村振兴战略的一项重要工作。农村厕所改造涵盖很多内容，其中的关键技术主要包括选择合理的卫生厕所类型和相配套、相适应的粪污处理工艺。不同的地区要根据卫生厕所的特点和适用性去选择符合当地现状和农民群众需求的改厕类型。同时，粪污处理是厕所革命推进过程中的关键环节，厕所粪污的处置利用与卫生厕所的类型密切相关，结合厕所类型、技术特点以及适用范围选择粪污无害化、资源化处理技术是至关重要的。卫生厕所类型很多，其中实现粪污无害化处理的卫生厕所，主要有以下六种类型，即三格化粪池厕所、双瓮漏斗式厕所、三联通式沼气池厕所、粪尿分集式厕所、双坑交替式厕所和具有完整下水道水冲式厕所。此外，微水冲厕所、免水冲厕所以及循环水冲厕所等新型无害化卫生厕所也不断涌现和推广应用。粪污的无害化处理技术工艺也在不断发展。传统上的农村地区多采用粪污直接还田的方式，但随着经济社会发展、生活水平提高以及农村卫生厕所的广泛建设，农村厕所粪污处置利用方式正在发生着变化，利用的技术主要包括化粪池的原位厌氧发酵肥料化或能源化处理、粪污集中堆肥处理，以及采用热化学转化技术快速将粪便进行资源化利用。在厕所革命推进过程中，厕所粪污处理是亟待解决的问题。厕所粪污问题无法解决，会导致改造后的厕所被弃用。在厕所改造过程中，选择粪污处理方式要结合当地的特点、卫生厕所类型以及农民的需求，要无害化、减量化、资源化处理粪污。

（五）村容村貌改造提升

村容村貌改造包括“四化”（村庄道路硬化、庭院净化、环境绿化、村庄美化）、“四乱治理”（治理柴火乱垛、垃圾乱倒、污水乱流、粪土乱堆）、“五改”（改水、改路、改房、改厕、改灶）、“五通”（通路、通水、通电、通电视、通网络）等内容，是我国当前农村环境综合整治中涉及面广、难度较大的一项工作，并且与之前的治理改造内容有所重叠。在“四好农村路”等政策支持下，全国实现了具备条件的乡镇、建制村100%通硬化路，乡村道路设施和附属设施更加完善，包括路肩、绿化隔离带、交通标志牌、乡村公交车站等，并且村庄内部道路建设水平显著提升，串起自然村之间的道路更加通达。村庄清洁主要是治理村庄乱堆乱放和清理各类垃圾，以及使用清洁能源替代传统能源等。新能源和可再生能源技术在农村主要有生物质能技术、太阳能热利用技术、太阳能发电技术、地热能利用技术、住宅节能技术等。环境绿化主要是对村庄道路两侧、沟渠河道、房前屋后、公共场所等空地依据村庄规划进行绿化，对村内古树名木、花草树木等进行妥善养护，保证存活率和生长质量，基础条件好的创建森林乡村。村庄美化主要是对村庄进行科学规划，使之布局合理，房屋建设有序，与环境文化相融合，依据《住房和城乡建设部办公厅关于开展农村住房建设试点工作的通知》，在全国27个省（自治区、直辖市）开展试点，推广建设功能现代、成本经济、结构安全、绿色环保的宜居型示范农房，突出乡土特色和地域民族风情。此外，对私搭乱建、墙体外立面混乱、广告牌匾不规范等问题进行整治。对乡村景观进行科学设计，主要包括村庄的小广场、小花园等公共活动空间，以及规划设计建筑小品，提高村庄景观美化水平，以及为村民临时休息提供便利。

四、国内外典型经验借鉴

（一）欧洲

欧洲在完成工业化后，农村地区基本实现了现代化，与城市相比，农村的基础设施建设较为完善，宜居水平较高，部分城市人口回流到农村地区。在欧洲有91%的土地属于农村地区，大约56%的人口在农村生活。欧洲国家的农村人居环境整治水平是从整体文明来提升的，从山区到草原，从森林到农田，处处体现了欧洲美丽乡村的价值。

1. 村容村貌注重对历史文化遗产的传承与保护

欧洲的乡村风貌特色明显，识别度高，规划在其中扮演着重要角色。

以德国为例，德国的村容村貌提升一般被称为“农村翻新整治”或“村庄更新”，其目的是在提升农村自然、社会、环境条件的同时保留其自身特点。在村貌提升中，欧洲一般很重视城乡整体规划，政府提出，推行村庄更新计划，并将村庄更新工作纳入整体城乡规划的体系之中。村庄更新规划具有一定的综合性，需要满足上位规划对于该村庄发展的要求，同时需要与村庄不同时期的建设计划相适应。

欧洲乡村建筑历史文化较为厚重，很多乡村住宅保留着传统的建筑风格和中世纪的乡村原貌，古老的民宅、教堂、水井、磨坊等被完好无损地保存着，或放在农业博物馆里，用于教育和展示农业发展的历程。例如，在比利时，花坛簇拥着雕塑、古老的城堡与欧洲园林组成了和谐的自然景观。在欧洲农村，住房大多数是木质结构的一层或者二层小楼，历史悠久，有的已经有上百年或几百年的历史，仍旧可以居住，房子的窗台上放满花盆，整个建筑被装饰得精美独特。

2. 各种先进设施在农村人居环境整治中应用普遍

欧洲乡村地区随处可见蓝蓝的天空和被绿树环抱的村庄，或是古色古香的房屋如诗如画般矗立在草地上。野生动物和人类共存，成群牛羊悠闲地觅食，人与自然和谐共处，形成优美的农村景观。西欧国家各种先进设施覆盖了村镇，100%的农村建有集中的雨水排放系统；每家每户使用卫生厕所，并自备化粪池和污水处理系统，市政当局集中处理粪便；农村的生活垃圾全部由市政当局集中收集和处理，在村庄的房前屋后、边角空闲地带等都没有垃圾存放。如法国政府始终将“可持续发展”作为目标之一，为改善居民生活质量，农村与小型城镇的垃圾分类回收及处理标准与大城市相同，与城市不同的是，农村的生活垃圾必须将有机垃圾和无机垃圾进行严格区分。农村与外界联系的主干道用沙混、沥青或水泥铺设，内部道路由沙石铺路，均安装路灯和交通安全设施与标志。农村的生活居住区和生产区分开，饲养畜禽的农户在农田或草场设置消防栓。

以德国农村生活污水治理为例，20世纪90年代以前，德国主要采取的是工业化集中式处理办法，即将污水通过管道输送到污水处理厂统一集中处理，但此办法不仅成本高，处理后的大量沉淀物和废物对环境还会产生一定的压力。进入21世纪以后，这种集中式的处理方法逐渐被分散式污水处理技术代替，形成了3种主要的分散式处理系统：一是分散式市镇基础设施系统，主要通过膜生物反应器对污水进行净化；二是湿地污水处理系统（湿地主要由介质层和湿地植物两大系统构成）这个系统运行一般不需要化学药剂，对周边环境不产生二次污染，成本相对较低；三是多样性污水分类处理系统，厨房、浴室污水通过重力管道流入居住区植物净水设施进行净化处理，而雨水通过管道收集加以利用，整体达到了很好的治理效果。

3. 建立完善的农村环保法规体系推进环保技术的发展

为了促进农村生态保护与乡村环境建设，欧盟各成员国都制定了完备的、可执行的农村生态环境法律法规。完善的法规体系几乎覆盖了与农村生态环境污染相关联的每个方面，真正体现了法治化管理的理念，从而有效推进了各类环保技术的发展应用。同时，各国都十分重视法律法规的及时完善和修正，通过颁布新的法规或修改原有的法律法规来解决出现的新生态环境问题，及时弥补管理中存在的缺陷。德国针对村庄更新制定必须遵守的法律和法规，包括《建筑法典》《联邦国土规划法》《联邦自然保护法》《土地保护法》《景观保护法》《林业法》《垃圾处理法》《大气保护法》《水保护法》《文物保护法》《遗产法》等。德国还不断更新乡村规划，并将文化遗产保护、农业结构和海岸地区保护等纳入乡村规划中，社区政府通过讲座、集会、媒体和网络等，将乡村更新的信息传递给乡村居民，让村民平等参与村庄更新建设，征求村民的意见和建议，调动村民的积极性。

4. 建立乡村人居环境保护投入机制

乡村人居环境建设中的科技投入往往需要大量资金加以支撑。欧洲发达国家为了促进水源保护、沼气利用、生活污水和垃圾处理、乡镇工业和农村养殖业污染治理等农村环境公共基础设施建设，建立了一系列农村生态环境保护投入长效机制：一方面设定了多项农村生态环境专项资金，增加乡村环保技术应用的资金投入；另一方面配套了优惠贷款、税收减免、补贴、直接投入等多项措施对乡村生态环境保护给予支持。此外，欧洲国家设立专门的农村生态环境管理机构，负责农村环境标准制定、农村环保立法与执法、农村环境监测、统计与发布农村环境信息等工作，对农村生态环境建设进行引导。

（二）美国

美国是一个由50个州和1个联邦直辖特区组成的联邦制国家，也是一个多文化、多民族的国家。美国按照人口密度划分城镇和乡村，人口少于1万人的聚集区称为乡村地区。和中国的农村一样，美国乡村地区收入比城市低，失业率相对较高，农民受教育程度低，医疗条件差，能源利用率低，生活困难人口多，因此，除了西班牙裔的白种人和亚裔等国际移民到美国农村定居外，美国以农业为主的农村地区普遍存在人口下降的情况，主要原因是本地的青壮年劳动力不断向城市转移、农村地区人口出现老龄化现象。以美国国家环保局和农业部为首的各级机构，一直将提升农村人居环境质量作为提高人民生活质量的重要基础，形成了从制度到法律的一整套管理体系。

1. 建立从中央到地方协调统一的管理机构

为确保乡村生态环境建设各项措施的顺利推进，美国从联邦到州、县都有相应的管理机构，形成了一个比较完整的管理系统，人居环境是其中的重要内容。防护林与水土保持工作由联邦农业部统一领导，农业部下属与此相关的主要业务管理机构有林务局、水土保持局、农业科研局及技术推广服务局。各州、县都设有相应机构。美国各州和县政府也可以根据某个乡村基础设施建设项目的重要程度，安排扶持资金，但是各自投入的资金根据建设项目的责任进行了严格划分，不能互相补充。如县域道路由联邦政府投入资金，小城镇道路由县域资金投入建设，农户家周边的道路由农户自己负责。

2. 以乡村环境法律和规划体系不断完善促进人居环境整治提升

美国乡村人居环境是农村生态环境保护的重要内容。在美国，乡村环境保护走的是法律先行的道路，通过完备的法律体系规范和约束各类污染源。美国的环境法律制度分为地方、地区、州和联邦四个层次，不同的行政管辖区域具有不同的规制方案。从 20 世纪 70 年代起，随着环境问题的激化与公众环保意识的增强，美国先后通过了《清洁空气法》《清洁水法》《环境教育法》《职业安全和健康法》《噪声控制法》《宁静社区法》和《综合环境反应、补偿和责任法》等，保障了乡村社区的人居环境质量。

美国的乡村社区规划通常包括在县域规划中。美国各州实行两级土地规划，第一级是县或市的规划，第二级是乡村社区规划。由于很多区域将第一级、第二级规划合并，所以有些乡村社区规划管理的内容可以一并包括在市与县级规划中。美国将乡村社区分为五类，不同的分类也决定了在乡村社区规划中土地利用方向、规划密度、规划重点的差异。美国乡村社区规划的主要目标是增强乡村特色、保护环境、减少自然灾害、促进基础设施和公共设施的高效利用、减少碳排放以及建设可持续和具有活力的空间。在具体的乡村居民点建设中，由于受到各居住区规划和分区土地规划的控制，道路宽度、道路等级、单位面积建筑单元数量、建筑面积等都有严格的要求。此外，乡村居民点的建筑风格和布局特征也受到政府管控，政府与银行合作，只向符合要求的住宅（独门独院式）提供贷款担保，这种约束条件保证了乡村建筑风格的一致性。

3. 通过乡村教育培训体系的完善提高村民整体素质

美国非常重视人在乡村人居环境整治中的关键作用，美国联邦农业部通过加强对乡村居民的技术支持与培训来提高农民素质，进而促进农村发展。第一，通过专项计划为农村居民提供专业培训。在人居环境整治的供排水计划资助中，联邦政府向地方政府和非营利组织提供技术支持、培训。例如，在一个叫作“污水处理技术”的项目中，联邦政府为协会及居民提供技术支持与培训，以推广乡村污水处理技术。第二，通过立法支持农民教育与培训。1917 年联邦政府颁布《史密斯—休斯教育法案》，要求联邦政府提供资金，支持公立学校开设农业技术方面的课程；1990 年颁布《国家环境教育法案》，为大力实施环境教育提供法律保障。第三，建立完善的农业教育、科研和推广“三位一体”的农业科技体系。农学院结合当地生产课题进行研究，通过教育与推广将研究成果尽快转化为生产力。第四，开展形式多样的职业培训。针对农业生产管理，进行辅助职业经验（SOE）培训；为提升农民创新能力和团队合作，开展美国未来农民（FFA）培训；针对实践教学，开办辅助农业经验（SAE）培训等，这些培训具有很强的针对性和实用性，可有效提高农民的整体素质。

4. 综合运用技术、经济等手段促进人居环境质量提升

针对乡村环境保护问题，美国综合运用技术、经济等手段，开展了一

系列农业环境保护项目，通过项目带动，对农村环境问题进行资金补贴、技术支持和规范化生产等，涉及的重要项目包括退（休）耕还草还林项目、湿地恢复项目、环境保护激励项目、环境保护强化项目、农业水质强化项目、野生动物栖息地保护项目、农场和牧场保护项目、草场保护项目。以农村污水治理为例，20 世纪 60 年代，美国提出了“21 世纪水厂”的理念，将污水处理后回收利用。1987 年美国联邦政府将面源污染治理写进《水质量方案》，要求各个州为分散污水治理建立计划并提供项目资助。美国对乡村居民排放污水的治理经历了“户外厕所—污水坑—化粪池—分散式污水处理系统”四个技术演化过程。在治理家庭污水过程中，美国强调以家庭或个人治理为主，同时联邦政府和州政府也推出一些项目或计划。美国污水处理的主要做法是：通过政府主导，建立污水处理厂，企业资金和民间机构资金作为补充，联邦政府为各州提供污水处理的滚动基金，帮助并鼓励污水处理的相关环保项目开展。在污水处理过程中模拟湿地、河流、溪流等自然净水过程，快速有效地将废水中的污染物沉淀、清除，去除有毒有害的污染物。同时将处理后的污泥经干化床自然干化，部分转送到污泥塘稳定，稳定脱水后，送到郊区农田施肥；剩余的活性污泥经浓缩后进入中温消化池，经真空脱水后烘干制成肥料。通过肥料回收，将污染物中其他的潜在资源回收利用。污水经过处理测试达标后，重新用于农业和绿化灌溉、生态景观用水、休闲娱乐用水、营造湿地、补充地表径流、城镇公共建筑、工业生产、居民家庭的冲厕和洗车等，工商企业和居民家庭使用时，按照普通水价的 50%~75%收取。

（三）日本

日本是典型的人多地少的国家，乡村面积占国土总面积的 97.2%，有 40%的人口居住在乡村。20 世纪 50—70 年代，日本经历了快速的城市化，乡村地区建起了大量重污染工厂，水土大气受到了严重污染，村庄也被垃圾包围。20 世纪 70 年代以后，随着农村生态环境问题的日益凸显和国民环保意识的不断增强，日本政府对农村生态环境问题表示了极大的关注，全国开展了村镇综合建设示范工程，旨在改善农村生活环境，缩小城乡差距。其中，乡村人居环境建设首要解决的就是垃圾及生活污水处理问题。日本政府在乡村环境保护、污水处理及垃圾分类回收方面做了大量工作，积累了丰富的经验。日本通过加大农村环保基础设施建设力度、建立健全农村环保法律法规、强化相关部门管理责任等多种手段来强化农村生态环境保护，为日本优美的乡村环境建设奠定了基础。

1. 在提升村容村貌中既重视对传统建筑风格的传承保护又注重新元素的注入

日本乡村建设走过了一个漫长的探索历程，乡村宜居水平高。从缩小城乡差距开始，到推进农村环境治理、提升农村生活质量、打造乡村景观，再到注重农村人居环境整治，日本乡村建设经历了渐进的发展变化过程。日本村容村貌坚持传统并富有民族特色、风貌精致且讲究生活情趣、分散居住、功能划分清晰并且适应防震需要的居住区建筑形态，先进实用的建造技术在其中广泛应用。在日本，农村的建筑形态高度趋于一致，坚持传统建筑特色，风格总体协调融合，特立独行与环境不协调的建筑形态相对较少。新时期，虽然各类建筑中融入了一些现代的元素，但外形上基本以日本传统建筑形式为原形和基准，总体保持村容村貌的一致性。日本的住宅风貌总体保持原有的形态，但是大量的现代技术和文明成果在旧的建筑基础上进行了配备与应用，并未受西方建筑标准的影响，乡村特色明显。

2. 注重环保技术在乡村人居环境基础设施中的应用

自 20 世纪 70 年代以来，日本在农村环境污染治理方面的财政投入开始增加，30%的农村公共环保基础设施是由政府出资建设的。由于政府的财政支持和引导，日本大量环保科技在公共基础设施上加以应用，建成了一批完备的农村环保基础设施。日本注重提高乡村生态环境治理和改善方面的技术含量，始终将环保科技作为推动乡村人居环境建设的重要动力，目前已经形成了一大批先进的乡村污染治理技术。这些环保技术的开发利用对于乡村生态和人居环境的治理已颇见成效，如水体污染减少、土壤质量显著提高、人居环境质量得到改善等。

以乡村污水治理为例，日本的乡村污水治理是在20世纪50年代以后开始实施的，由于农村污水排放引起了一系列卫生健康问题和环境问题，为了改善乡村地区的卫生状况，保护农村环境，日本建立了一套与城市不同的乡村污水治理技术与法律体系，由政府主导实施，农民参与。日本主要采取家庭净化槽技术解决污水问题。政府对乡村家庭污水处理实施两项计划：①支持单个家庭将自己处理粪便的净化槽改为合并处理的净化槽，家庭负担总费用的60%，其余的由国家补助1/3，地方补助2/3。②为保护地方水源，在特别排水地区和污水治理落后区的生活污水治理项目，农村家庭需要负责净化槽设置费的10%，国家负担33%，地方发行债券筹措剩余的57%。净化槽的日常维护管理因涉及专业技术，由市、町、村设立的公营企业负责。

由于日本农村工业化程度高，农民接受文化教育水平也比较高，路面硬化、上下水设施、电力系统等都非常完善。目前，日本的3000多个市、町、村地区基本上已经配置了相应的污水处理、固体废物处置设施，实现了饮用水供应和污水处理全国范围的覆盖。总体来说，日本农村享受与城市一样的人居环境基础设施。

3. 制定专项法律法规以有效解决乡村污水及生活垃圾等关键问题

日本乡村地域面积广阔，高效率、低成本、分散式的污水处理技术是治理日常生活污水的合理选择，因此净化槽技术应运而生，成为日本解决乡村生活污水的主要途径。日本乡村90%的污水通过这种家庭净化槽处理完成。为了落实该项技术，日本政府制定了《净化槽使用人员计算方法》《建筑基准法》等工业标准，还在1983年颁布了《净化槽法》，通过一系列的法规政策，对净化槽的制造、安装、维护、清扫以及违反该法的量刑、经济处罚额度等内容做了明确规定。日本通过科技扶持和法律约束，有力地支持了乡村污水的全面治理。

对于生活垃圾问题，日本一般采取分类回收和分类处理的方式，将生活垃圾分为可燃垃圾、不可燃垃圾及资源垃圾（金属、纸张、玻璃）三大类，并根据政府规定，在固定时间、固定地点放置，由专人沿居民区收集，并直接运往垃圾处理厂。在垃圾处理厂，根据种类不同分类处理。垃圾作为一种错位资源可以循环再利用，可燃垃圾燃烧后可作为肥料，而不可燃垃圾经过压缩无毒化处理可作为填海造田的原料。为推进垃圾分类回收，政府专门制定了《推进形成回收型社会基本法》，其中包括《废物管理和公共清洁法》《促进资源有效利用法》《容器和包装回收法》《家电回收法》《食品再生利用回收法》等7项具体法律，专业系统的法律法规为垃圾的分类处理提供了有力保障。

（四）浙江省安吉县

安吉县隶属浙江省湖州市，是“绿水青山就是金山银山”理论的诞生地、中国美丽乡村发源地和绿色发展先行地。浙江省自2003年开始实施“千村示范、万村整治”工程，着力改善农村人居环境，安吉县是其中的一个靓丽标杆。党的十八大以来，习近平总书记对安吉县乡村治理“余村经验”做出重要指示批示，在2017年中央农村工作会议上，习近平总书记也点赞安吉，“像浙江安吉等地，美丽经济已成为靓丽的名片，同欧洲的乡村相比毫不逊色”。2020 年 3 月，习近平总书记时隔 15 年再次亲临安吉视察，充分肯定了安吉的发展，并对安吉加快高质量绿色发展和推进基层治理现代化做出重要指示。安吉已成为我国美丽乡村建设和农村人居环境整治的典范。

1. 坚持规划先行与整体布局，实施重点突破

安吉县在改善农村人居环境、建设美丽乡村过程中，始终坚持规划先行、整体布局，规划的引领作用巨大。安吉县从 2003 年开始开展农村环境整治“五改一化”，2007 年浙江大学给安吉县编制美丽乡村建设总体规划，这是全国第一个美丽乡村建设规划，提出了“中国美丽乡村”这个主题形象定位，以及中国美丽乡村建设十六字愿景——“村村优美、家家创业、处处和谐、人人幸福”，2008 年开展中国美丽乡村建设，2017 年全面贯彻乡村振兴战略，实施美丽乡村升级版建设。安吉通过规划引领，循序渐进、由点及面科学推进美丽乡村建设，探索、建立、完善了一套科学的美丽乡村创建体系。

规划除了要科学编制，更为关键的在于后续有效落实。安吉县委、县政府严格按照规划，一张蓝图绘到底，以改善农村人居环境为突破口，从 2008 年开始到 2012 年，全县 187 个行政村（农村社区）实现美丽乡村创建全覆盖，“环境优美、生活甜美、社会和美”的现代化新农村基本建成。2013 年开始，安吉县以打造美丽乡村升级版为抓手，坚持共建、共享、共富、共美，深化美丽乡村建设，2021 年底已建成精品示范村 65 个。通过 13 年的努力，安吉的美丽乡村建设呈现出“点上出彩、线上精致、全域美丽”的新局面。2022 年，按照“轴线互联、片区组团、多点示范”的要求，安吉县以乡村振兴示范带、示范片、示范村（未来乡村）为载体，以打造片区为重点，争取率先实现共同富裕，达到政府、企业、农民、集

体、专家、消费者“六赢”的愿景目标。

2. 加强各类标准办法的制定，规范美丽乡村建设

安吉县以“美丽乡村”建设为载体，深入践行绿色可持续发展理念。安吉成立了以县长为组长、县委副书记为常务副组长的“中国美丽乡村”标准化创建工作领导小组，下设办公室，明确专兼职人员，制定系列工作方案。安吉积极推进标准体系建设，在修订完善现有的《“中国美丽乡村”建设考核验收办法》（36 项指标）的基础上，收集 56 项相关标准，通过整合、提炼、完善，制定出《中国美丽乡村建设规范》《农村社区公共服务设施设置及管理维护要求》《中国美丽乡村劳动和社会保障工作规范》等 18 项相关标准，形成完整的“中国美丽乡村”标准化体系，基本涵盖美丽乡村的建设、管理、经营等各方面的内容，满足农村生态环境标准化建设、农村产业标准化经营、农村公共事业标准化推进、农村事务标准化管理等各方面的需求。安吉出台了《“中国美丽乡村”标准化示范村建设实施方案》，做好各环节相关标准的宣贯、培训、实施工作，对各单位实施标准的情况进行跟踪。集安吉美丽乡村建设经验精华的《美丽乡村建设指南》成为国家级标准，于 2015 年 6 月 1 日正式颁布实施，这是我国美丽乡村建设的一个里程碑，明确了美丽乡村建设的总体方向和基本要求。

3. 以生态文明建设统筹推进乡村人居环境整治

安吉大力推进生态乡镇、文明乡镇，小康村、生态村等创建活动，通过生态文明建设，先后成功创建并获得了首个国家级生态县、全国首批生态文明试点地区、全国首个县级“中国人居环境奖”、国家森林城市、全国首批生态文明奖、全国生态文明建设示范县、全国首批“绿水青山就是金山银山”理念实践基地、“联合国人居奖”和“联合国地球卫士奖”等。安吉坚持经济发展与环境建设协调可持续发展。安吉加大重点饮用水

水源地、生态公益林、自然生态植被和生态敏感点的保护力度；实施土壤、矿山、河道等生态修复工程，完善生态补偿机制；全面推进行业综合治理，制定出台《企业环保诚信管理办法》等政策文件，将企业环保诚信和奖励及企业贷款挂钩。持续开展全县竹木制品企业污染整治工作，加强环保基础设施建设，抓好乡村污水处理、生活垃圾分类处理、河道流域与城郊接合部环境卫生综合整治，完善污染治理长效机制。以农村生活污水为例，引进推广了PEZ高效污水处理技术、日本净化槽技术、A^2O污水处理工艺加微动力技术、A^2O污水处理工艺加湿地处理技术，截至2020年，安吉县共建有农村生活污水治理终端设施3000余座，行政村覆盖率达100%。此外，一批低成本、高效率、易维护的环保实用技术在安吉得到因地制宜的推广应用，区域生态环境质量持续提升。多年来，全县空气质量优良率保持在85%以上，农村生活垃圾集中收集处理的行政村覆盖面达100%，土壤安全利用率达100%，地表水、饮用水、出境水达标率均为100%，森林覆盖率、林木绿化率超过70%，安吉县被誉为气净、水净、土净的“三净之地”。近年来，安吉全县上下致力于建设中国最美县域，全面推动美丽县城、美丽城镇、美丽乡村、美丽园区“四美”共建，“四好农村路”成为全国样板，新时代浙江（安吉）县域践行“两山”理念综合改革创新试验区落地实施，推进美丽乡村建设的做法，经中共中央全面深化改革委员会会议审议入选全国十大改革案例。

4. 数字信息化技术广泛应用提升了乡村宜居水平

安吉作为长三角一体化、长三角G60科创走廊的重要成员，在数字化发展方面成功走在长三角前列，已签约百亿元级的国动安吉云数据基地和远洋资本安吉数据中心，完成了《安吉县农业农村数字化管理平台建设方案》编制，成立了“两山转化”数字研究院，建立并投入使用多类别智慧应用平台，有力推进了农业农村数字化建设。安吉依托已搭建的数字农业载体和专项规划指引，推动连接互联网、大数据、人工智能与农业农村深度融合，助力安吉农业农村全方位朝着数字化、网络化、智能化升级。安吉通过搭建多元化数字型经营服务平台，连接农林经营主体、农林生产主体、农林产品加工销售主体、商业零售主体、物流电子商务、智慧旅游、数字乡村等全产业链农林生产经营主体，提供生产、经营、物流、销售、政务、旅游、金融、乡村等多元化服务，显著提升了乡村生产和宜居水平。

（五）广西恭城瑶族自治县

恭城瑶族自治县（以下简称恭城县）位于桂林市东南部，辖6镇3乡117个行政村，总面积2139km^2，总人口30.5万人。该县坚持养殖—沼气—种植“三位一体”“恭城模式”的基本思路，开展了生态产业和“富裕生态家园”建设等一系列农村生态与乡村人居环境建设实践。恭城县被联合国确认为“发展中国家农村生态经济发展典范”，获得国家级生态示范区、全国休闲农业与农村旅游示范县、国家全域旅游示范区创建县、中国长寿之乡和中国人居环境范例奖等多项荣誉。

1. 打造样板村，发挥示范引领作用

自2001年起，恭城县大力实施“富裕生态家园”的社会主义新农村建设，在每个乡镇挑选出一个或几个建设得较好的、具有代表性的村屯，按照“五改”（改水、改路、改房、改厨、改厕）、“十化”（户间的道路要硬化、村民住宅要楼房化、村村交通要便利化、村屯环境要绿化和美化、居民饮用水要无公害化、村民的厨房要标准化、生活用能要沼气化、居民厕所和公厕要卫生化、科学养殖要良种化、种植作物要高效化）的标准进行建设，将其建设成样板村，然后作为示范辐射全乡镇范围，有效带动了全县村屯的新农村建设。实施乡村振兴战略以来，全县又选择了不同区域、不同类型、不同条件的基础条件好、群众积极性高的村屯实施整村推进，建设了一批便于学习借鉴、适合推广应用的示范项目。例如，2019年选择了2个屯开展农业农村部农村人居环境整治技术服务与提升项目试点示范工作，集中力量进行打造，通过示范带动、以点带面、连线成片，形成集群效应，带动全县乡村人居环境整体提升。恭城县曾连续多年被列为“广西农村环境连片整治示范县”，打造出了西岭杨溪、栗木兰家屯等一批“三清洁”示范村；红岩村被确定为全国“美丽乡村”创建试点村，目前已被认定为国家AAAA级景区；牛路头的生态农庄获得全国休闲农业与乡村旅游四星级园区及广西休闲农业与乡村旅游示范点、五星级农家乐、四星级乡村旅游区等多项殊荣。

2. *以沼气池为纽带统筹生态循环农业发展与农村人居环境整治*

恭城县以现代特色农业示范区创建为契机，结合当地农业产业发展实际，将农村能源建设融入美丽乡村建设和生态环境保护治理中。恭城县在发展中主动摒弃传统的以破坏生态环境换取经济发展的模式，运用循环经济原理指导和组织农业生产，把农业生产活动主动纳入生态循环链内，参与生态系统的物质和能量循环，以实现生态环境效益、经济效益和社会效益共赢，探索出具有恭城地方特色的“养殖+沼气+种植+加工+旅游”“五位一体”可持续发展模式。在这个模式中沼气池是关键纽带，它把养殖业和种植业（果业）有效串联起来，其核心内容是生物质能多层循环综合利用。畜禽粪便等有机废弃物在沼气池中发酵后，除了产生沼气供农户生活所用，产生的大量沼渣和沼液还可以作为有机肥料在果树上使用，并且使用沼肥的水果产量和品质都大为提升，深受客商喜爱，解决了以往“卖果难”问题。这种模式实现了农村生活垃圾和农业生产废弃物的变废为宝，统筹推进了农村生产生活垃圾治理和厕所粪污治理。

农村可再生清洁能源技术是关键。恭城县积极探索以市场化服务模式推广沼气“全托管”服务，通过整合相关资金，实行项目打捆，统一标准化管理，实现了沼气池高效运转，可再生清洁能源利用占比大幅提高，农业绿色生产水平显著提升，有机废弃物得到资源化利用，厕所粪污实现无害化处理，村庄“生活、生产、生态”“三位一体”协调推进。例如，该县泗安村五海塘屯和大营村毛梨洼屯依托当地实际，因地制宜开发出“柿子产业下脚料—沼气—沼液沼渣还田柿子产业”的循环经济模式和“养殖产业—沼气—沼渣沼液还田”循环模式，破解了环境保护和农业发展的生态难题，以沼气为纽带，通过“吃”掉农业生产废弃物“吐”出绿色新能源，在改善农村人居环境的同时，促进了现代特色农业的高质量发展，加快了农业生产废弃物资源化利用，提高了能源利用效率、使用频率与经济效益，实现了农村人居环境提升与能源建设的“双赢”。

3. 高度重视科技和人才的支撑作用

农村人居环境整治和生态循环农业的高效发展除了在于自然资源禀赋，还在于技术组装的因地制宜性和相关人员对技术的掌握程度。恭城县重视科技已久，从最初办沼气开始，恭城人就用“技术先进、技术过硬”这八个字来要求自己。技术是不断发展更新的，沼气池也是如此，当地不断地引进先进实用的技术并根据本地实践所要解决的难题开发新技术，从而使自己的技术保持在比较先进的水平上。为了保证沼气高效发展和利用，一是当地要求能源办的领导和工作人员懂理论、会技术，不懂的要先学习，避免外行领导内行；二是沼气建设和其他农村能源设施建设、沼气管理和维修、沼气综合利用等都坚持技术承包和技术指导，在建沼气池时就把管理技术、综合利用技术传授给农户，并且推广“全托管”服务模式；三是注重产品的综合效益发挥，推广沼液水肥一体化应用技术，对农业种植实施沼肥替代化肥，沼肥综合利用率提升到90%以上；四是专业队每年复训一次，更新知识技术。当地的沼气池一次成功率一直保持在100%即为佐证。当地循环农业模式中水果种植业是重要的一环，恭城县也将技术和人才作为其发展的重要支撑。

第二章

北京农村人居环境整治研究

生态宜居是乡村振兴的关键所在。加快推进农村人居环境质量提升，建设生态宜居的美丽家园是当前北京农村的一项重要工作。

一、北京农村人居环境整治历程回顾

回顾北京农村生态与乡村人居环境建设历程，重要发展时期主要集中于2000年之后，而其中两个关键时间点围绕的是新农村建设和乡村振兴战略实施。在新农村建设中，北京市农村人居环境整治重点实施的代表性工作有“5+3”工程、山区农民搬迁工程、农村住房抗震节能改造工程、新型农村社区建设工程和平原百万亩造林工程等；美丽乡村建设是乡村振兴战略的重要内容，是新农村建设的持续深入，北京市重点实施了煤改清洁能源工程、污水治理三年行动计划、厕所革命、“四好农村路”建设，等等。北京农村人居环境整治涉及的内容很多，归结起来主要包括村庄绿化、村庄拆违治乱、垃圾处理、厕所粪污综合治理、生活污水治理、安全供水、街坊路与交通路网建设、农村能源建设、农村网络与农村物流建设等。

（一）新农村建设“5+3”工程

2005年10月，中共十六届五中全会提出要按照“生产发展、生活宽裕、乡风文明、村容整洁、管理民主”的要求，扎实推进社会主义新农村建设。2005 年，北京市委、市政府下发《关于统筹城乡经济社会发展，推进社会主义新农村建设的意见》纲领性文件。2006 年，为切实加强对全市实施社会主义新农村建设的组织领导，全面推进新农村建设，确保新农村建设各项工作取得实效，北京市委、市政府成立专门组织机构，即新农村建设领导小组并下设办公室，全市 35 个职能部门参与其中。新农村建设以改善民生、发展循环经济为切入点，坚持城乡统筹，建立部门联动、政策集成、资金聚集、资源整合工作机制，加大了对郊区农村基础设施与公共服务设施建设的投入力度。从 2006 年开始，北京市制定实施了《北京市新农村“五项基础设施”建设规划（2009—2012 年）》《北京市新农村“三起来”工程建设规划（2009—2012 年）》。“5+3”工程按照城乡一体化的发展思路，统一设计、建设、配套农村基础设施，通过实施以村庄街坊路硬化、安全饮水、污水处理、垃圾处理、厕所改造为重点的“五项基础设施”建设和“让农村亮起来”“让农户暖起来”“让农业资源循环起来”工程，基本解决了北京郊区最现实、农民最关心、最直接的农村基础设施建设问题，农民的主体地位得到提升，农村的战略地位得到加强，基础设施建设逐步完善，公共服务和社会事业不断进步发展。

从 2006 年抓新农村建设试点村到 2008 年，五项基础设施工程市级共投入 26 亿元，79 个试点村和 320 个整体推进村实施了村庄五项基础设施建设，平均每个村庄投入约 650 万元；“三起来”工程市级共投入 10 多亿元，在乡村安装太阳能路灯，示范推广生物质炊事炉和采暖炉，推广节能卫生吊炕，开展住房节能改造，兴建沼气和生物质气化集中供气工程，实施农村雨洪利用工程，开展养殖场粪污治理等。此外，各郊区县、乡镇政府也积极配套了一定的资金支持工程的建设与实施。“5+3”工程的实施，有效地改善了农民的生产生活条件，优化了发展环境，带动了产业发展，促进了农民增收和乡村生态环境的提升。农民对三年来“5+3”工程实施给予了高度评价，同时也希望各级政府继续加大投入力度，扩大覆盖范围，早日实现公共服务均等化。

为加快推进农村人居环境和基础设施建设，2008 年北京市先后制定了《北京市新农村“五项基础设施”建设规划（2009—2012 年）》和《北京市新农村“三起来”工程建设规划（2009—2012 年）》，计划总投资 180 亿元。

一是制定规划，统筹村庄发展。根据全市新农村建设形势和任务要求，2008 年，北京市规划委、市新农办制定了《关于进一步加强北京市新农村建设村庄规划编制组织管理的意见》，全面提速村庄建设规划编制。截至 2010 年底，区县累计编制村庄规划 3414 个，除纳入城镇化地区的村庄外，其他农村地区实现了村庄规划的全覆盖，做到了“一村一规”。

二是抢抓机遇，快速推进。若按试点建设速度推进，全面完成全市村庄“五项基础设施”建设，需要 10~15 年。北京市委、市政府为进一步加快城乡一体化建设步伐，满足绝大多数郊区农民的迫切需求，根据三年来的试点探索和经验积累，提出利用四年时间对全市郊区所有未改造的村庄按照“缺什么、补什么”的原则，对“五项基础设施”进行填平补齐，让所有农村居民享受最基本的公共服务。2009 年，在规划实施过程中，为应对全球金融危机、拉动农村投资增长，北京市委、市政府通过充分论证、广泛发动和精心准备，进一步提出全面提速农村“五项基础设施”建设，决定将四年任务调整为两年实施。2009—2010 年，北京共在 3100 多个村庄实施“五项基础设施”建设，提前两年完成了规划确定的目标任务。

三是上下联动，形成合力。2009—2012年，北京市新农办负责全市“三起来”工程规划实施的总体协调，市农委、市发展改革委、市财政局、市建委、市科委、市市政市容委、市水务局、市园林绿化局、市环境保护局、市农业局等相关部门密切配合，及时建立了信息沟通制度、资源共享制度、联合检查制度，并在规划统筹、标准制定、评估考核等方面做到相互衔接，且按照职责分工，分别履行好各自职责，共同推进“三起来”工程建设。区县政府作为“三起来”工程建设的工作主体，在本区县履行统筹整合职责，以“三起来”规划为依据，结合本区县实际，就年度计划任务、实施地点、建设内容、推进措施、实施进度、完成任务时间及相应配套政策做出科学安排并报市新农办备案。市、区（县）两级政府不断完善联动机制，深化分级负责，共同保障了“三起来”工程的有效实施。

北京市实施的新农村建设“5+3”工程，加上其他推进的农村改路、改电等工程，涉及农村的水、电、路、气、热、居、厨、厕、院等各个方面，合计包括20多项具体工程。通过实施“5+3”建设工程，北京市郊区农村街坊路得到了硬化，安全饮水得到了巩固提高，农村生活污水得到了治理，农村生活垃圾分类回收也逐步推开，垃圾资源化、减量化、无害化处理得以实施，农村其他基础设施建设逐步完善，农村人居环境发生了由表及里的变化。

（二）美丽乡村建设专项行动计划

北京市把持续提升农村人居环境、建设美丽宜居乡村，作为实施乡村振兴战略的重要抓手和主要载体，持之以恒、常抓不懈。2018年，北京市印发《实施乡村振兴战略　扎实推进美丽乡村建设专项行动计划（2018—2020年）》，行动计划的工作目标是按照产业兴旺、生态宜居、乡风文明、治理有效、生活富裕的总要求和绿色低碳田园美、生态宜居村庄美、健康舒适生活美、和谐淳朴人文美的标准，在前期美丽乡村建设的基础上，以实施农村人居环境整治为重点，进一步提高建设标准，增加建设内容，提升建设水平。行动计划以实施“百村示范、千村整治”工程为主要工作抓手，全面推进“清脏、治乱、增绿、控污”，全市3200多个现有村庄普遍达到了干净整洁有序的要求，建成验收了美丽乡村2000余个，美丽乡村2.0版取得重要进展。截至目前，门头沟区、密云区先后获评国务院农村人居环境整治激励县；门头沟区、通州区、延庆区、大兴区、朝阳区、顺义区6个区获评全国村庄清洁行动先进县；全北京72个村镇被评为全国文明村镇；全北京970个村被认定为首都文明村镇；房山区周口店镇黄山店等8个村正在创建国家乡村振兴示范片区……

2021年底，中共中央印发了《农村人居环境整治提升五年行动方案（2021—2025年）》，对“十四五”期间农村人居环境整治提升工作进行了全面部署。对标中央要求和北京市实际，2022年3月北京市委、市政府制定了《北京市“十四五”时期提升农村人居环境建设美丽乡村行动方案》，接续推进美丽乡村建设。该行动方案的指导思想是坚持以人民为中心的发展思想，践行“绿水青山就是金山银山”的理念，牢牢把握首都城市战略定位，坚持大城市带动大京郊、大京郊服务大城市，以“百村示范、千村整治”工程为抓手，以建设宜居宜业美丽乡村为导向，加快农村人居环境基础设施建设，全面提升农村人居环境质量，为全面推进乡村振兴、加快农业农村现代化、建设国际一流的和谐宜居之都提供有力支撑。工作目标：到2023年底，基本完成美丽乡村建设补短板任务，农村人居环境长效管护机制进一步巩固；到2025年底，农村人居环境显著改善，美丽乡村建设取得明显成效，农村卫生厕所普及、生活垃圾有效处理的村庄基本实现全覆盖，生活污水处理率达到75%，建立管用、接地气的长效管护机制，建成一批乡村全面振兴示范村，使干净整洁有序的村庄环境面貌得到持续巩固。

二、北京农村人居环境整治现状与成效

（一）农村污水治理能力得到有效提升

生活污水治理是北京市农村人居环境整治的重要短板。进入21世纪，农村污水治理不断受到重视，在新农村“5+3”工程的有力推动下，北京郊区部分农村实施了生活污水和厕所畜禽粪污治理，农村污水处理工程取得了规模化发展。特别是2013—2022年北京市共实施了三轮污水治理行动计划，确定了“城带村”“镇带村”“联村”及“单村”多样化建设方式，丰富并优化了农村污水处理技术工艺，农村污水收集治理能力得到不断增强。根据2019年对全市680座农村污水处理设施的调查结果，农村集中式污水处理设施采用的技术工艺多达42种，为全市农村生活污水治理提供了丰富的技术储备和实践经验。2021年底，全市2106个村的生活污水得到有效治理，农村地区生活污水处理率达到74.57%，远高于《全国农村环境综合整治“十三五”规划》提出的到2020年我国农村污水处理率达到30%以上的水平。2023年，北京市规划实施第四轮三年污水治理行动方案，即《北京市全面打赢城乡水环境治理歼灭战三年行动方案（2023年—2025年）》，全市农村污水治理进入最后冲刺阶段，方案要求到2025年实现城乡污水收集处理设施基本全覆盖，农村地区生活污水得到全面有效治理，溢流污染治理取得明显成效。

（二）农村生活垃圾处理取得显著成效

随着农村居民生活水平的提高，农村生活垃圾成分日趋复杂，垃圾的产量也快速增长，21世纪生活垃圾成为北京农村区域重要污染问题，严重

影响了居民生活与村庄环境。2001 年，北京市从城乡接合部地区开始启动全市垃圾处理基础设施建设工作。2002 年起，北京在农村地区开展了垃圾密闭化建设工作，目标是建立垃圾收集系统，解决垃圾暴露问题。目前，全市平原地区所有行政村都完成了垃圾密闭化建设，占全市行政村总数的 77%；但是山区村垃圾集中密闭存放的村庄占比相对较低，还有一些村庄垃圾露天存放。绝大部分村庄的垃圾 1~2 天集中运走一次，部分村庄的垃圾 3~5 天运走一次。每个村庄均建有垃圾站或垃圾池，并根据需求配备一定数量的垃圾箱；目前全市农村地区共修建垃圾池 1200 多个，垃圾箱近 9 万个。北京在 42 个重点镇基本实现了垃圾密闭化收集转运，平原地区农村垃圾密闭化管理全覆盖，远郊区垃圾也基本实现无害化处理。经过不断摸索实践，“户分类、村收集、镇运输、区处理”已经成为目前北京市农村垃圾主要采取的收集处理管理模式，基本实现收运处置体系全覆盖。怀柔、延庆、门头沟、大兴、平谷 5 个区被评为全国农村生活垃圾分类与资源化利用示范区。另外，列入住房和城乡建设部台账的 162 处非正规垃圾堆放点在“十三五”期间全部完成整治。当前农村地区出现的一个难题是建筑垃圾产生量较大，在一些地方随意堆放，处理较为困难，影响了人居环境质量。截至 2020 年底，全市共创建了 1500 个垃圾分类示范村，全市 99%的行政村的生活垃圾得到有效处理，垃圾科学分类的新局面基本形成。

（三）农村“厕所革命”稳步实施

农村厕所革命是习近平总书记始终牵挂的民生实事，是实施乡村振兴战略的一场硬仗，关系农民群众生活品质，体现现代文明水平。北京市历来对厕所改造工作高度重视。农村户厕的大规模改造始于 1991 年，2001 年起北京市全面实施“三格化粪池式”户厕改造，根据北京市统计局第三次农业普查资料，2016 年末由于厕所老旧、技术落后、地质条件差等原因，全市大约有10万户农民厕所需要进行改造和进一步提升，农户卫生厕所覆盖率约为83%。2019年，北京市制定了《北京市农村户厕改造工作方案（2019—2020年）》，美丽乡村建设把户厕改造作为一项重点内容，累计完成户厕改造14.14万户，农村无害化卫生户厕覆盖率达到99.3%，提前完成了98%的规划目标。在农村公厕建设方面，2005年全市开始试点建设与改造无害化公厕，2008年开展大规模农村公厕建设，2010年共建设农村公厕6522座。农村公厕改造是美丽乡村建设的重要组成部分，也是新一轮“厕所革命”的主战场和主阵地。北京按照《实施乡村振兴战略 扎实推进美丽乡村建设专项行动计划（2018—2020年）》继续加大农村公共卫生厕所升级改造力度，按照一类公厕40万元/座、二类公厕30万元/座、三类公厕20万元/座的标准改造。2019年，北京市制定实施《北京市农村“厕所革命”专项行动指导意见》。通过落实三年改造行动计划，农村公厕达标率从79.06%提高到99%，农村地区三类以下公厕基本消灭。农村公厕的运行实践表明，除了建设，更为重要的是后期的管护。北京市积极推动农村公厕专业化管理，落实“五有”（有制度、有标准、有队伍、有经费、有督查）长效管护机制。对已建立公厕专业保洁队伍的村，按照一类、二类公厕每年运行费用6万元/座、三类公厕4.5万元/座落实费用；未建立公厕专业保洁队伍的村，采取购买服务等方式建立保洁队伍，以提高公厕的运行效率。

（四）农村绿化美化水平不断提高

北京开展农村绿化建设工作，改善了农村生态环境，美化了村容村貌，促进了人与自然的和谐发展。在新农村建设中，为解决“硬化多、绿化少”的问题，北京市于2006年制定了《北京市新农村建设村庄绿化导则》，启动村庄绿化美化提升工程，对1872个永久性保留村庄逐步实施村庄绿化美化建设。为稳步推进乡村绿化美化工作，自2014年起，北京市各郊区以每年不低于现有村庄15%的比例，推进美丽乡村建设。通过整治、建设与发展，每年建成一批“北京美丽乡村”。自2015年起，北京市启动了村庄绿化改造提升工程，通过村边、沟边、路边、河边与渠边“五边”绿化改造来重点突破。2017年，首都绿化委员会办公室下发《关于进一步加强村庄“五边”绿化工作的通知》，进一步推进“五边”绿化工作。2017年6月，已经完成村庄“五边”绿化1062个村17279亩，全市村庄绿化总面积达到2亿多平方米，密云区、房山区、海淀区的村庄绿化覆盖率超过45%，绿化村庄数量和面积实现了双突破。

需要指出的是，北京市接续实施了两轮百万亩造林绿化工程，为全市乡村绿化水平提高做出了重要贡献，特别是对于平原地区，据统计，经两轮百万亩造林工程全市累计新增绿化面积243.6万亩，全市森林覆盖率由2012年的38.6%提高到2022年的44.6%，平原地区森林覆盖率由14.85%提高到31.4%。绿隔地区两条“绿色项链”基本形成，一道绿隔地区各类公园有102个，二道绿隔地区建成郊野公园40个。山区绿色屏障不断加固，持续推进京津风沙源治理等国家重点工程，完成人工造林21.9万亩、低效林改造32.5万亩，山区森林覆盖率达60%。此外，还完成乡村绿化美化2.42万亩，创建首都森林城镇30个、首都绿色村庄250个，实现了田园美、村庄美。

（五）农村路网交通建设不断完善

北京农村公路基础设施相对较好，2006年前北京农村公路即实现了“村村通”。近年来，北京以“四好农村路”高质量发展为抓手，研究制定《北京市推进“四好农村路”建设三年行动计划》，对通公交、校车和旅游休闲、产业物流等乡村公路实施了“窄路加宽”工程，排查乡村公路隐患点并实施治理等工作，从建、管、养、运四个方面提出了十大举措，全方位推进“四好农村路”建设，并从标准体系入手，制定了《北京市农村公路设计导则》和《北京市农村公路技术评定规范》两项地方标准，有力推进乡村道路建设。乡村公路及桥梁养护监管不断提升，2017 年底北京率先对乡村公路技术状况指数（MQI）进行系统检测；全面推行乡村公路“路长制”，设置各级“路长”2700 余名。2019 年，北京市发布《北京市推进“四好农村路”建设的实施意见》，提出重点实施“窄路加宽”、安全生命防护、乡村公路路域环境整治、郊区客运服务提质等六大工程，建设乡村公路规划、法规标准、资金保障、监督考核等四大体系，共设定 20 余项工作任务，为全面实现建好、管好、护好、运营好的“四好农村路”总目标提供顶层设计。截至 2020 年，全市乡镇和建制村通硬化路率达 100%，乡村公路总里程达到 13105 千米，占全市公路总里程的 59%。北京市农村公路路况水平基本处于良好状态，中等路以上比例逐年提高，2022 年超过 92%，乡村公路列养率达 100%。此外，北京市持续开展“美丽农村路”创建，乡村公路中等路以上比例持续保持在 92% 以上，共创建 225 千米“美丽乡村路”，并在此基础上评选出 17 条“最美乡村路”。

农村街坊路是农村公路建设的延伸，是美丽乡村建设的重要组成部分，包括村内主要街道、次要街道和通往群众住户门口的甬道。在建设新农村之前，京郊农村街坊路主要是利用村集体资金进行建设，建设存在标准低、质量差、路面硬化率不高等问题，且硬化的主要是村庄内主要街道，而次要街道和门前甬道硬化率很低，影响了农民出行。新农村建设开始后，北京市农村街坊路建设步伐明显加快，2006 年全市共完成了 80 个试点村的街坊路建设工程，硬化路面 313 万平方米；2007 年，全市完成了 120 个试点村 550 万平方米的农村街坊路硬化工程。2008 年，市政府继续加大投入，完成全市约200个“整体推进”村大约800万平方米的街坊路建设工程。“十二五”期间，北京继续加快推进街坊路的提质、提标和通路到户，农村地区的出行条件开始得到根本性改善。“十二五”期间，全市累计投资300亿元，共建设农村街坊路约1亿平方米，路面质量明显提高；村内主要道路水泥路面和柏油路面占比为97.8%，与10年前相比提高了5.3个百分点。其中，柏油路面比重提高到45.1%，提高了12个百分点。村内主要道路有路灯的村占全部村的比重为99.3%，与10年前相比提高了11.8个百分点。后续在美丽乡村建设专项资金支持下，农村街坊路硬化得到了进一步改善和提高，目前北京郊区农村内部主要道路基本实现了水泥路面和柏油路面全覆盖。

（六）农村清洁能源利用水平进一步提高

农村一直以来都是能源消费薄弱地区，主要表现在能源消费能力相对较弱、能源品质差、供应相对不稳定等方面。2000年以来，北京市郊区农村在能源建设的过程中，紧密结合农业结构调整、农业标准化和都市型现代农业发展，先后开展了生态家园富民工程，农村能源示范村、示范园区、示范户建设，大型沼气工程集中供气系统工程，生物质气化集中供气工程，太阳能综合利用示范村建设，生物质固体燃料生产和配套燃烧炉具生产示范村建设，太阳能杀虫灯试验、推广等一系列工作，取得了很好的能源、环境、经济和社会效益。北京市委、市政府自2006年起在京郊农村实施“三起来”工程后，农村可再生能源得到了跨越式发展，农村绿色清洁能源利用水平显著提高。郊区清洁照明系统得到了很大推进，目前基本覆盖了全市所有村庄和农户，“三起来”工程共安装村内直管荧光灯14万只、村内节能路灯30余万盏、太阳能路灯18.1万盏，家用节能灯更换1300万只。节能路灯和太阳能路灯工程建设覆盖了全市农村地区的所有村庄、34 个旅游景点、200 余条乡村旅游线路、40 个农业观光园，基本满足了郊区的照明设施需求。

2010 年之前，北京市农村炊事、取暖还存在大量使用秸秆、薪柴和劣质散煤的情况，一方面造成大量环境污染物排放，另一方面也影响农村居民生活质量和健康，而且乱堆乱放影响村容村貌。2013 年 8 月，北京市政府办公厅印发了《北京市 2013—2017 年加快压减燃煤和清洁能源建设工作方案》和《北京市农村地区“减煤换煤、清洁空气”行动实施方案》。前者是全市加快压减燃煤和清洁能源建设工作的总体方案，后者则是专门针对农村散煤燃烧污染治理的难点问题所提出的具体任务和方法措施。北京市“减煤换煤、清洁空气”行动主要包括六项措施，分别是：减少劣质散煤使用、农村取暖煤改电、太阳能热利用、天然气入户、液化石油气下乡和沼气利用、农村住宅清洁能源分户自采暖。单以冬季取暖的煤改清洁能源为例，运用的技术设备就有空气源热泵、地源热泵、电加热水储能、太阳能加电辅、蓄能式电暖器等，改造方式也多种多样，主要是选择单户改造或集中改造。2018 年 9 月，北京市人民政府印发了《北京市打赢蓝天保卫战三年行动计划》，提出加快构建绿色低碳、安全高效、城乡一体、区域协同的现代能源体系。煤改电、煤改气对农村的供电、供气水平和能力也提出了更高要求，推动了供电、供气设施向农村进一步延伸，加强了电网改造升级，建成结构合理、技术先进、供电可靠、节能高效的供电网络，实施了电网升级改造工程、农村新能源与可再生能源利用工程、休闲旅游等重点线路夜晚照明工程、“互联网+”智慧能源工程等。在“煤改清洁能源”行动的有力推进下，仅“十三五”期间，全市就完成 124 万户农村居民煤改清洁能源改造。截至 2020 年底，全市 86. 4%的村庄、138 万户农村居民实现清洁采暖，户均供电能力提高到 9 千瓦，累计完成 70 多万户农宅抗震节能保温改造。到 2021 年底，全市所有平原地区村庄和 75%的山区村庄实现了“无煤化”，农村能源清洁化水平明显提高。

（七）农村供水能力和饮水安全性进一步增强

目前，北京市农村供水工程的供水模式主要分为集中式供水和分散式供水，其中集中式供水工程包括城乡供水一体化、集中连片供水工程、单村集中供水工程三类。北京市按照“评估先行、统筹规划、达标设计、规范建设、专业管护”的工作思路做好农村供水工作。北京市对与中心城区及新城区相毗邻的村庄采取“城带村”方式，通过公共供水管网扩网扩户方式逐步将其纳入公共供水范围。对与乡镇集中供水厂相毗邻的村庄采取“镇带村”方式，通过提升郊区新城公共供水厂或村镇供水厂的供水能力逐步将其并入供水范围。对不具备通过纳入“城带村”“镇带村”方式提高供水保障能力的村庄，采取村级供水站方式供水的，按照《农村饮水安全评价准则》（T/CHES 18—2018）、《生活饮用水卫生标准》（GB 5749—2006）的要求进行达标改造，确保供水安全。山区局限于条件采取分散供水的村庄，对现有分散供水设施进行升级改造，保障现阶段村民饮水安全。

北京市不断优化农村水资源配置，加快推进城乡供水一体化，全市100%的乡镇达到集中或部分集中供水，行政村基本实现集中供水全覆盖，农村自来水普及率达 99. 56%。北京市村镇地区现有供水设施 5582 处，其中，集中供水设施 3689 处，分散式供水设施 1893 处。全市 27. 78%的村庄由新城自来水厂和乡镇集中供水厂供水，其余村庄由单村供水站供水；农村供水设施服务人口 685 万余人。通过“城带村”“镇带村”方式，2021 年北京市实现将海淀、房山、顺义、延庆等 10 个区 58 个行政村纳入城乡公共供水覆盖范围，11. 5 万人喝上“市政水”。此外，北京市还加强了对农村供水的监管，北京市水务局对300处村庄供水站和105个乡镇集中供水厂的设施运行情况进行监督检查和水质检测，保障北京市农村供水工程的安全运营。按照“北京市智慧水务1.0总体方案”要求，北京市水务局搭建了农村供水计量数据信息平台，实现“一井一表、一户一表、实时计量、数据远传、信息共享、即时监控、科学预判、合理分析、妥善处理”，全面提高了农村供水信息化和智慧化管理水平。

（八）数字乡村建设步伐不断加快

北京市农村信息化建设水平较高，在“十二五”时期即启动了全市农业农村信息化工程，积极推进光缆、卫星通信进村，根据需求为村民安装光纤网络，农村实现4G网络的全面覆盖，农村信息化基础建设较为完善。北京市大力发展“互联网+”现代农业，成立了北京农业互联网联盟，建立了62个“农邮通”服务站，培育了“嘉农在线”“猪联网”等全国行业垂直电商平台，以物联网、移动互联网为代表的信息技术在全市13个郊区200多个农业生产基地开展应用示范。农村数字基础设施建设步伐不断加快，目前全市乡镇宽带通达率为100%，行政村宽带接入通达率为100%。北京市农村电商发展快速，呈现出以服务本地为主、以农产品服务为主、以第三方合作为主、以服务郊区县为主的显著特点，并不断凸显其在高端农产品生产、精深加工、品牌打造、营销渠道建设等方面的功能，形成了具有首都特色的新型组织模式。全市85.19%的行政村建有电商服务站点，为农业农村电子商务的快速发展提供了基础支撑，为居民日常生活提供了极大便利。京东、亚马逊、中关村在线、58同城、赶集网、美团等第三方交易平台积极向农村拓展，形成良好的区域网络营商氛围。

此外，北京市积极推进“互联网+”在农村中的应用。目前，北京在农村经济发展、基础设施、生产经营、乡村管理和公共服务等方面，已形成“互联网+村镇整体推进”“互联网+乡村产业”“互联网+乡村治理”“互联网+乡村生活”和“互联网+休闲农业与乡村旅游”5种智慧乡村模式，建设了一批智慧乡村。2013年，北京市在平谷区西柏店村展开智慧乡村试点，经过摸索和实践，完善了智慧乡村建设的标准，并根据《数字乡村发展战略纲要》的指引，积极推进农业农村数字化建设。2020年，平谷区、房山区入选国家数字乡村试点，根据已有的建设成果继续推进乡村数字化建设。目前，北京市智慧乡村的建设数量较多、范围较广。截至2020年，全市所有涉农区均有智慧乡村建设，建设总量达229个，其中乡村为185个，园区为44个。

（九）农村人居环境基础设施运营管护机制不断健全

管护机制是决定农村各项基础设施运行的重要影响因素。在农村人居环境基础设施的运营管护上，需要不断创新农村基础设施管护工作的理念，整体上从重工程建设向建管并重、更重管护转变。目前，北京市已建立起责任明确的各部门联动机制、基础设施维护和管理体系，将城市服务向农村延伸。如公共厕所、路灯（含太阳能路灯）、垃圾处理、环境卫生等设施纳入市政市容部门管理范围；供水（含消防用水）、污水处理、雨洪利用等设施纳入水务部门管理范围；绿化纳入园林绿化部门管理范围。在此过程中，各区也先后出台了相关管理办法，有效地促进了农村基础设施的运行维护工作。如海淀区率先出台了《海淀区关于加强农村基础设施管理的意见》；丰台区提出达到农村基础设施“三有一要”，即投入有保障、管理有队伍、服务有质量，设施运行要正常的目标；平谷区成立了农村基础设施维护和管理工作领导小组，统筹指导该项工作；顺义、通州、门头沟、大兴、密云等区也分别制定并印发了区农村基础设施管护方案。一些农村将基础设施维护纳入村规民约，明确由农户管理，责任到户、到人，有效地保证了这些设施的完善和良好使用；还有一些村委会，针对农村基础设施类型多、技术要求高的现实，自主成立了设施管护维修队，建立了农村设施维护的自治组织。

北京市《实施乡村振兴战略 扎实推进美丽乡村建设专项行动计划（2018—2020年）》指出，要制定农村基础设施管护标准，落实管护资金，建立稳定的管护队伍，将管护责任落实到人；加强管护人员专业培训，提高业务能力；督促管护人员加强日常巡查，及时发现并解决出现的问题，保障美丽乡村建设项目长期发挥效益。建立完善考核机制，明确考核内容和流程，督促各区建立健全长效管护机制，落实主体责任，坚决杜绝出现“重建轻管、只建不管”的现象。在垃圾和污水处理、厕所保洁、环卫等人居环境领域，各村结合农村实际，考虑农村特点，探索建立健全多种形式的管护模式，不搞“一刀切”，不搞统一模式。在管护队伍建设上，采用“农民受益、农民管理”的模式，管护人员最大限度地使用当地农民。2022年，北京市印发了《北京市“十四五”时期提升农村人居环境建设美丽乡村行动方案》，进一步强调要完善人居环境基础设施的长效管护机制。重点加强农村人居环境监测，强化“三长联动、一巡三查”，完善有制度、有标准、有队伍、有经费、有监督的农村人居环境长效管护机制。依法依规明确农村人居环境基础设施产权归属，建立长效管护责任清单。鼓励有条件的区、乡镇推行系统化、专业化、社会化的运行管护机制。依法探索建立农村厕所粪污清掏、农村生活污水垃圾处理农户付费制度，逐步建立农户合理付费、村级组织统筹、政府适当补助的运行管护经费保障制度。利用好农村公益性岗位，合理设置管护队伍，优先聘用符合条件的农村劳动力参与管护。农村人居环境长效管护资金使用情况纳入“三务公开”范围，接受监督。例如，目前全市已经建立了3000多支近6万人的乡村保洁员队伍，对营造郊区农村干净、整洁的环境发挥了重要作用。

三、北京农村人居环境存在的主要问题

近年来，北京市紧密结合新农村建设、美丽乡村建设等工作任务和乡村振兴战略的实施，投入了大量人力、物力和财力，北京农村生态与乡村面貌焕然一新，农村人居环境整体质量得到了显著提升，改善了农村生产生活条件，为促进农村地区经济社会发展奠定了坚实基础。但是，我们也要看到，北京在建设国际一流和谐宜居之都的大目标下，在城乡融合发展和京津冀一体化发展的大背景下，对标浙江等人居环境建设先行区，全市农村人居环境建设还存在一些问题亟待解决，主要表现在以下五个方面：

（一）农村人居环境基础设施建设中依然存在短板、弱项

北京市持续加大对郊区农村建设投入，农村人居环境基础设施总体上得到了很大改观，但是城乡之间依然存在较大差距。以北京市农村人居环境建设的重要短板——农村生活污水治理为例，全市污水处理率达到94%，其中中心城区污水处理率达到99.4%，而农村污水处理率仅为45%。再以街坊路硬化为例，由于前期建设标准低、建设时间过长以及养护管理不及时等，村庄内道路路面破损情况较为严重，约有40%的村庄主要街道有不同程度的破损，尤其水泥混凝土路面出现裂缝、塌陷和起砂现象较多。特别是占北京市域面积62%的山区，既是全市的重要生态屏障，也是全市经济和基础设施相对薄弱的地区，少数分散村户的安全饮水、生活污水处理、清洁用能、物流快递和交通便利出行等问题尚未得到有效解决，与人民对美好生活的追求存在较大差距，造成这种结果的原因主要是山区分散农户单位基础设施投入成本过高，操作难度大。

此外，农村人居环境基础设施建设水平也存在明显的地区差异。城市

功能拓展区毗邻城区，具有与城市设施连接的便利条件，无论是建设水平还是维护水平均较高。城市功能新区凭借发展新城的机会，农村基础设施的发展积极推进，其建设水平次之。生态涵养区经济发展水平相对较低，离市区较远，城市的基础设施难以延伸至此，因此其建设水平最低。在同一功能区内的不同区之间，因为经济发展水平和基础设施投资额的不同，建设水平也存在着差异。以农村公厕为例，厕所改造工程发展不均衡，各区间差距较大。功能拓展区的厕所改造比值最高，功能新区次之，生态涵养区最低。昌平区 67%的村庄可以达到公厕常年开放，而房山区只有约30%的村庄公厕可正常使用。山区与平原区、经济发达地区与经济薄弱地区的公厕使用与维护存在较大差距。

（二）农村人居环境治理技术模式因地制宜性不强

总体来说，目前我国人居环境整治技术较为先进，技术类型多样，但是农村人居环境治理仍然是技术应用的短板。一个重要原因是，原有村庄人居环境整治中存在简单照搬工业和城市治理模式的倾向，对农村人居环境建设的特有规律认识不够。在某些领域，存在过度依赖传统城市工程技术的情况，在相关项目实施前的规划评价中，各类技术都是先进的、成熟的，但是在实际建设过程中，因为没有考虑技术的实用性和地域性，造成整体技术适应性不强，很多项目运行效果并不理想。例如，目前北京农村污水处理较多采用在城市普遍推广的生化处理工艺，在对北京市 680 座农村污水处理设施的调研中发现，51.3%的处理站采用的是 MBR 工艺，而且这些设施主要分布在运营管理难度较大的山区，如在密云区和怀柔区；高达 86.6%的农村集中式污水处理设施采用了 MBR 工艺，这些地区的处理设施经常因为来水不足及污水结冰等因素而停运，经济性和实用性较差。农村地区生态处理工艺和技术有待进一步改善。太阳能路灯蓄电池、农村厕所（户厕、公厕）冬季使用等也存在类似的问题。因此，适合农村生产生活条件的人居环境治理模式、技术体系尚需进一步完善。

（三）农村风貌特色与京韵京味不断消失

北京是全国文化中心和世界著名历史文化名城，京郊村落的发展主要伴随着古代都城的演化变迁，有些乡村的形成可追溯到辽、金、明、清等朝代，记录了北京在各个发展阶段的历史轨迹，活态传承了北京地区的风土人情和文化内涵。可以说传统京郊村落京韵京味十足，如灵水村、爨底下村、琉璃渠村、岔道村等。但是随着农村经济社会的快速发展，许多村落原有建筑无法满足农民日益增长的生产与生活需求，许多老宅被翻新或新建住宅，加之缺乏科学规划的指导，北京乡村景观建设表现出三大主要问题：一是乡村景观风貌逐渐丧失。一些乡村在建设过程中违背了美丽宜居乡村建设的内涵本质，不断向城镇化的形态靠拢，乡村的整体风貌和宜居环境受到了干扰和破坏，部分地区的住宅、戏台等传统建筑被拆除，乡村传统建筑风貌和文化形态正在消失，有的村庄变得有形无神，农村符号、乡土气息越来越少，“乡愁”味日渐趋淡。二是乡村景观风貌特征不够突出、建设布局紊乱等，由于乡村建设风貌标准不统一和管理缺位等因素，出现了不少乡村建筑布局凌乱、风格迥异、建设标准较低、形式和功能单一等问题，京韵京味变淡。三是违法占地、违法建设、违法经营行为和农村环境“脏、乱、差”问题在一些村庄依然存在，突出表现在违法建房、占道经营、占道堆物、车辆乱停、乱设摊点、空中电线“蜘蛛网”等。如在城乡接合部地区的一些村庄仍然存在拆迁、腾退和人口疏解问题，公共服务设施和市政基础设施还不完善，社区服务管理水平亟待提升，村容较乱、村貌较差。

（四）农村人居环境治理理念的科学性还需要进一步加强

农村人居环境建设内容广，从规划、建设、使用到管护涉及的技术环节多，任何一个地方考虑不足，都可能影响最终的建设效果。自从新农村建设以来，北京在农村人居环境整治方面投入了大量资金，但是因为有些治理理念缺乏科学性，造成工程项目没有达到规划的预期成效。从以下四方面进行分析：一是在乡村人居环境建设过程中，存在“为建而建”“面子工程”等不良倾向，追进度、赶速度造成一些本来看好的工程技术项目建设质量水平不高，项目建成后停用现象时有发生；二是农村人居环境建设项目的选择往往是自上而下，通常是政策制定者或项目实施者负责工程技术与模式的选择，建设成果的惠及者基本上是被动接受工程项目建设类型，实际上没有参与项目规划与工程技术的遴选过程，这样往往会对最终的使用效果造成影响；三是有些农村人居环境项目在确定规模和容量时，仅仅从生活的角度考虑，没有从生态建设和生产发展的角度进行系统考虑，出现“小马拉大车”的情况；四是乡村人居环境基础设施项目建设互有交叠，在具体实施中，没有统筹考虑地上、地下基础设施的建设顺序，在一些村庄出现了道路修建后因为地下设施建设再拆除，拆除后再申请道路维修等违背基本建设规律的现象，造成人力、物力、财力的浪费。

（五）农村人居环境工程项目管护水平还需要进一步提升

俗话说“三分建、七分管”，可见管护在人居环境提升中的重要性。然而，当前北京农村人居环境整治工作中的相关基础设施建设的短期性与设施管理维护的长期性之间的矛盾较难协调。

1.“重建轻管”现象仍然较为普遍

如前所述，通过多年来农村人居环境基础设施建设的实践，各界已经认识到管护机制建立的重要性，各类规划和政策文件中也强调管护机制的不可或缺。如果管护机制不真正建立并有效落实，一些基础设施的效益就难以保证正常发挥，并且许多工程尚未达到使用寿命就有可能报废。在实践中，即使有些区、乡镇、村设有管护人员，配备有管护资金，也存在职责分工不清、管理范围不明等现象，造成许多公共设施虽然存在，但是实际上已经无法正常使用。而且，由于基础设施产权归属问题，村民自觉维护缺乏意识与动力。“重建轻管”的另一种表现是管护资金缺乏稳定来源。目前，北京市农村基础设施项目建设基本上是财政直接投资，由于建设时未充分考虑后续的运行维护和物价上涨问题，设施运行后往往会出现资金短缺的问题。运行维护资金基本上来自市级财政转移支付和当地政府，由于有些地方政府财政收入有限，日益增多的人居环境基础设施项目给政府带来了不小的资金压力。例如，监测发现，目前北京市农村有近30%的污水处理设施未运行或间歇运行；部分村庄不重视公厕运行管理，存在公厕不洁、损坏不修复、不开放等问题；近年来得到维护的街坊路超过1亿平方米，但仍有不少农村街坊路未得到维护和维修，致使一些村庄的街坊路坑洼不平，破损较为严重。

2. 管护队伍建设较为薄弱

农村管护队伍能力建设难以胜任发展要求是现阶段农村人居环境基础设施管理中存在的最主要问题之一。首先，表现为管护观念薄弱。农村人居环境基础设施的管护通常以本村农民为主，传统的“集体所有、集体管理”的管护思维遗传基因仍在，结合管护人员自身综合技能水平较低的现实，致使许多农民不仅在参与建设和管理时积极主动性不高，而且管护和爱护公共设施的意识较弱，管护应急处理能力不够。其次，管护队伍不稳定。主要原因是农村基础设施管护人员工作量大、工资水平不高。例如，多数村庄虽然建立了专业保洁队伍，但人员数量通常较少，而且这部分人员有的还身兼数职或承担着村里交办的其他工作任务，造成管护人员不足，管护力度不够等现象。农村公共服务内容丰富，与老百姓的生产生活息息相关，而且越到基层，事情就越具体，任务就越繁杂，需要投入大量的人力和精力。如垃圾处理、村庄保洁等问题，更是难啃的“硬骨头”，极易出现反复。

3. 统筹力度仍有待提高

农村人居环境整治基本涉及农村生产生活的各个环节，包括生活污水处理、农村垃圾处理、厕所粪污处理、道路交通物流、网络信息化建设等多项工作，涉及农业、环保、水务、城市管理、卫生计生、交通、电力、城管执法等多个部门，各个职能部门也都履行着相应的职责，落实了管护人员，出台了考核办法。但从实际工作推进情况看，在一定程度上仍存在多头分散投资、建设、管理，缺乏统筹抓总。就目前统筹力度而言，已远远不能适应乡村振兴背景下的农村公共服务运行维护的新任务、新要求。

四、北京农村人居环境整治的路径分析

关于农村人居环境整治，北京市在一系列重大规划中做出了战略部署。《北京市城市总体规划（2016—2035 年）》提出建设国际一流、城乡一体的基础设施体系，按照适度超前、绿色环保、城乡一体的原则，以技术创新和机制创新为手段，提高基础设施规划标准和建设质量；全面完善农村基础设施和公共服务设施，加强农村环境综合治理，改善居民生产生活条件，提升服务管理水平，建设新型农村社区，建设绿色低碳田园美、生态宜居村庄美、健康舒适生活美、和谐淳朴人文美的美丽乡村和幸福家园。《北京市国民经济和社会发展第十四个五年规划和二〇三五年远景目标纲要》中提出，建设高品质宜居城市，通过推进乡村振兴来促进城乡融合，补齐农村基础设施短板，加强美丽乡村建设，深入推进“百村示范、千村整治”工程；大力推动绿色北京建设，加强山水林田湖草系统保护和

治理，提升生态系统质量和稳定性，守护好生态涵养区的绿水青山，建设大绿大美的农村生态环境。《北京市“十四五”时期乡村振兴战略实施规划》从科学规划建设乡村、推动城乡基础设施一体化和守护乡村绿色生态空间三个方面系统谋划实施乡村建设。加强农村人居环境整治，助力宜居宜业和美乡村建设已成为当前北京乡村振兴战略实施的中心工作之一。

（一）路径研究的科学目标

1. 提升建设宜居宜业和美乡村的支撑能力

加强农村人居环境整治是建设宜居宜业和美乡村的重要组成部分，是北京农村实现可持续高质量发展的重要支撑。首先，提升农村的生态涵养能力与生态服务价值，筑牢首都绿色乡村生态屏障。其次，注重村容村貌建设和历史文化的传承，建造美丽生态家园。再次，提升农村垃圾、污水、厕所粪污等处理能力，进一步改善村庄人居环境。最后，增加农村新能源和可再生能源的开发利用，充分利用太阳能、生物质能、地热能、风能等能源，提高农村能源清洁化水平，保护农村生态环境，并且做好乡村道路、物流和网络信息等便民基础设施的建设，提升农村居民生活现代化水平。

2. 提高农村人居环境整治的效率

进入 21 世纪，国家对农村和环境保护的投入力度整体呈现不断加大趋势，在新农村建设、美丽乡村建设和乡村振兴战略的接续支持下，农村的面貌发生了翻天覆地的变化。北京作为中国的首都，对环境保护的重视和农村的发展更是给予了很大的关注，实施了“三起来”工程、两轮“百万亩造林工程”、三轮“污水治理三年行动计划”“减煤换煤行动计划”、四轮“山区农民搬迁工程”等一系列民生工程，改善了京郊农村人居环境质量。但是，也要看到，上述工程融合应用的一些技术因为成果不成熟、项目地域适宜性考虑不足、项目管理不完善等，造成一些工程项目没有发挥应有的效果，投入产出效率较低，造成财政资金的大量浪费，也打击了农民参与农村人居环境整治的积极性。因此，需要突出强调因地制宜，科学选择适宜农村人居环境整治的项目类型和技术模式，以提高农村建设成效。

3. 统筹城乡人居环境基础设施建设

当前，建设宜居宜业和美乡村，是实现城乡融合发展的重要任务，是建设国际一流和谐宜居之都的必然要求。要从区域生态系统结构和功能的角度综合考虑京郊不同区域的生态功能和地位，合理制定美丽乡村建设内容，突出农村人居环境整治工作的重要性。同时建立有效的农村人居环境基础设施管理体制，使农村环境与农村建设进入健康、科学、有序的发展轨道，不断提升农村生态环境质量和农村居民生活品质。

4. 加强农村人居环境基础设施管护体系建设

农村人居环境基础设施的建设不是一劳永逸的。俗话说“三分建、七分管”，可见管在其中的分量。实践表明，在农村生活污水治理、卫生厕所建设、垃圾粪污综合治理、清洁能源利用等人居环境基础设施的应用中，影响使用效果的一个很重要的因素是后续管护体系建设。这主要是因为相关基础设施的新技术、新装备的使用对管理具有较高要求，需要专业化的队伍进行操作运行，运行中出现状况时需要具有专业技术的人员进行维修。这就要求建立一支运行有效的高质量专业化管护队伍，从而倒逼农村人居环境基础设施管护体系的建设。

（二）农村人居环境整治的关键技术环节

1. 因地制宜确定项目技术模式

北京市作为国家首都，农村人居环境整治仍然面临着不小的压力。当前北京在建设国际一流和谐宜居之都的战略背景下，需要继续补齐农村人居环境建设中的短板，让首都农村更加充满活力，更加具有魅力。在这个过程中，要注重对整治内容，特别是技术模式的选择，通过技术的改造、创新、转化和应用，提高农村人居环境整治的成效。一方面，农村人居环境整治中涉及的项目多，要按照轻重缓急、财政资金条件、农民意愿、项目前期准备成熟度和政策规划文件等确定整治对象；另一方面，农村人居环境整治项目的技术模式多样，新技术、新装备、新产品着实难以计数，且更新不断，太多的信息、太多的选择常常使建设方无所适从，从而给建设方造成了选择上的困难。另外，因为农村的气候条件、地理特征、经济发展水平、生活习惯等存在差异，一些新技术、新设备、新产品在产业化过程中的应用效果并不理想，通过与农村需求顺利衔接，对农村人居环境整治项目的技术、产品、模式做出科学评价和选择就显得尤为重要。

2. 选择先进适用的技术模式

在改善农村人居环境的技术模式选择中，既要注重先进性，又要注重适用性，即先进适用技术的选择。关于先进适用技术，目前尚无权威定义，可以把它描述为：未来一段时期内，在某一行业或领域中可以普遍采用的同时具备先进性和适用性特征的产业技术、工艺和方法。先进适用技术一般具有以下特征。

第一，技术、工艺和方法的先进适用性都是相对的，它具有一定的时间性和空间性。任何一种技术的先进适用与否都是针对某一特定时间域和空间域而言的，与人们认识世界的程度及掌握相关知识的多少密切相关，而不是固定不变的。因此，当某项新技术处于产生或成长阶段并可促进区域生产力的提高和发展时就属于先进适用技术，离开它所在的行业或地区或许就不能称其为先进适用技术了。

第二，先进适用技术是指对某一地区或行业而言的共性技术。共性技术必须是在某一行业内可以普遍采用的，具有比较多的推广应用对象。不管共性技术成果处于应用发展的哪一阶段，即无论是处于待应用状态或刚开始应用状态还是已应用状态，它都应该是具有较好的市场潜力、较多的潜在用户、较大的应用范围、较好的经济效益和社会效益的新技术、新工艺和新方法。因此，不强调先进适用技术多么高端、多么创新，更为关注的是它的适用性、解决问题的水平和技术成熟度。

3. 先进适用技术选择的主要考量

先进适用技术的选择主要从四个维度进行考量：实现既定目标、技术适用性、技术先进性、技术带动性。其中，实现既定目标和技术适用性是基础性指标，而技术先进性和技术带动性是扩展性指标。基础性指标的作用是划定技术选择基本门槛；扩展性指标的作用是在多种技术方案并存的时候，做到优中选优。

（1）实现既定发展目标

实现既定目标即能够完成关键问题解决思路所提出的相关任务，是技术选择的最重要依据之一，可以通过技术本身的性能指标、技术是否成熟、是否有成功应用案例等方面进行评价。

（2）满足技术的适用性

可以从三个方面考察技术的适用性：技术能否获得、是否具备实施该项技术的条件、采用该项技术是否会对其他问题的解决造成不利影响。

（3）满足技术的先进性

技术的先进性指标主要考察该技术是否符合科技进步的发展方向。在同等条件下，先进技术的使用往往成为整个问题的亮点，同时也能构筑一道技术门槛，让该技术保持一定的生命力和竞争力，避免出现使用即过时、落后的情况。

（4）满足技术的带动性

技术的带动性主要考察该技术是否能够应用于其他区域、其他领域，对于项目内外、上下游能够产生怎样的带动效应，即技术的溢出效益。

（三）农村人居环境整治提升路径

今后一段时间，北京仍将以建设国际一流和谐宜居之都为城市发展目标，农村作为建设的薄弱环节，对人居环境整治要给予更多的关注，投入更大的力量。要继续坚持“大城市带动大京郊、大京郊服务大城市”的发展思路，以“百村示范、千村整治”工程为抓手，以建设宜居宜业和美乡村为导向，加快农村人居环境基础设施建设，全面提升农村人居环境质量。北京农村人居环境整治工作需要重点从以下几个方面实施。

1. 加强农村风貌管控

坚持规划引领，有序实施。落实城镇建设区、生态保护红线区、乡村风貌区三类乡村空间划分，科学布局乡村生产生活生态空间。对村庄布局进行规划，因地制宜、分类推进城镇集建型、整体搬迁型、特色提升型、整治完善型四类村庄建设，实现精细化、差异化发展。进一步完善村庄宅基地空间、产业发展、基础设施和公共服务配置。大力推进村庄和庭院整治，编制村容村貌提升导则，促进村庄形态与自然环境、传统文化相得益彰。加强村庄风貌引导，突出乡土特色和地域特点，保护村庄肌理。持续加大对农村各类违法建设的整治力度，并做好农村房屋安全隐患排查整治工作。按照试点推进、总结推广的思路，逐步推进农村住房质量的提升，继续实施农村危房改造和抗震节能农宅建设。加强传统村落和历史文化名镇名村保护，编制实施传统村落保护发展规划，推进传统村落挂牌和保护修缮，留住村庄文脉。

2. 加强农村生活污水治理

按照污染治理与资源利用相结合、工程措施与生态措施相结合、集中与分散相结合的原则，分类推进农村生活污水治理，优先治理饮用水水源保护区等重点区域生活污水。结合城市发展，治理城乡接合部长期保留村庄生活污水问题。接续实施好第四个治污三年行动方案。统筹农村污水治理骨干管网和入户管线衔接，提高污水收集率和处理率。实施入河排污口清理整治，加强农村小微水体治理。加强村庄排水设施建设，提高其排水防涝能力。探索实施农村污水处理设施常态化监测、巡查机制。

3. 加强农村垃圾治理

全面实施《北京市生活垃圾管理条例》，健全完善农村生活垃圾收运处置体系，因地制宜推进偏远地区村庄生活垃圾就地就近处理，降低处置成本。推进农村生活垃圾源头分类减量，减少垃圾出村处理量。支持开展农村生活垃圾分类与资源化利用示范区创建，协同推进农村有机生活垃圾、厕所粪污和农林生产有机废物资源化利用，探索就地就近处理和资源化利用的路径，建设一批农村有机废物综合处置利用示范样板。推进废旧农膜、农药肥料包装废物的回收处理。

4. 推进农村厕所革命

开展农村厕所革命实施效果评估。有序推进农村户厕改造，科学选择改厕技术模式，切实提高改厕效果。因地制宜推进农村未达标公厕改造。加强农村厕所革命与生活污水治理的有机衔接，因地制宜推进厕所粪污分散处理、相对集中处理与纳入污水管网统一处理。积极推动卫生厕所改造与生活污水治理一体化建设，暂时无法同步建设的要为后期建设预留空间。大力推动厕所粪污就地消纳、资源化利用。加强农村改厕产品质量监管。完善农村厕所巡检维修、粪污清掏等长效机制。

5. 推动村容村貌整体提升

开展美丽乡村路示范创建，提升“四好农村路”建设质量。进一步推进农村街坊路建设，逐步建立农村街坊路养护机制。按照市协调、区负责、乡镇落实的工作机制，批次推进农村电力线、通信线、广播电视线等架空线维护梳理整治工作，使空中“蜘蛛网”乱象得到有效治理，在有条件的村庄实施线路入地。规范农村户外广告设施、牌匾标识的设置。加强村庄应急力量，明确应急避难场所，设置必要的防汛、消防等救灾设施设备，畅通安全通道。因地制宜，重点推进山区村庄“煤改清洁能源”，争取具备条件的村庄尽快实现冬季清洁取暖覆盖，完善村庄公共照明设施，探索开展零碳示范村试点。推动乡村绿化美化亮化，鼓励建设村头一片林，创建首都森林村庄，引导鼓励村民通过在房前屋后、庭院内外栽种果蔬、花木等方式开展绿化美化。完善村级综合服务设施，同步开展无障碍环境建设，加快建设农村邻里互助养老服务点和乡镇、村残疾人温馨家园，实现行政村全民健身设施和村级卫生机构全覆盖。持续推进“百村示范、千村整治”工程，统筹美丽乡村建设布局。

6. 完善长效管护机制

加强农村人居环境监测，强化“三长联动、一巡三查”，进一步完善有制度、有标准、有队伍、有经费、有监督的农村人居环境长效管护机制。持续开展村庄清洁行动，通过“门前三包”等制度以及开展村庄清洁日等活动，推动环境整治向农户庭院、村庄周边延伸。依法依规明确农村人居环境基础设施产权归属，建立长效管护责任清单。鼓励有条件的区、乡镇推行系统化、专业化、社会化的运行管护机制。依法探索建立农村厕所粪污清掏、农村生活污水垃圾处理农户付费制度，逐步建立农户合理付费、村级组织统筹、政府适当补助的运行管护经费保障制度。利用好农村公益性岗位，合理设置管护队伍，并优先聘用符合条件的农村劳动力参与管护。农村人居环境长效管护资金使用情况纳入“三务公开”范围，接受监督。

五、改善北京农村人居环境的对策建议

（一）补齐农村人居环境突出短板，推动基础设施提档升级

要以乡村振兴战略全面实施和美丽乡村建设专项行动为契机，坚持首善标准，按照“清脏、治乱、控污、增绿、畅通、智慧”的整体思路，加快乡村人居环境整治，努力提高乡村生活品质，让北京乡村真正成为老百姓的幸福家园、首都市民的美丽后花园。

在“清脏”上，抓好村庄垃圾的源头分类减量和资源化利用，严格规范非正规垃圾堆放点，在农村地区基本清除随意堆放现象，特别是要关注建筑垃圾的规范化处置。继续推进“厕所革命”，有序实施老旧户厕改造提升，因地制宜地推动农村未达标公厕改造，提高乡村景区旅游厕所的品质以及解决厕所冬季有效使用问题。结合碳中和战略，实施好农村清洁能源建设工作，重点解决山区村庄的冬季清洁取暖问题，在农村煤改清洁能源过程中，要统筹好建筑与用能设备改造、供电供气与运营维护、安全使用与应急管理，切实让农民用得起、用得好、用得省心。要继续在村镇建筑和农村住宅中推广应用太阳能热水系统，在具备条件的特色村镇试点建设一批“超低能耗建筑+可再生能源供能+智慧能源平台”绿色能源示范村。

在“治乱”上，加强乡村风貌引导，进一步完善村容村貌提升导则编制。有效推进村庄的房屋乱建、道乱占、摊乱摆、线乱拉与建筑物外立面混乱等问题整治，对村庄风貌进行管控。加强对郊区传统村落、历史文化

名村名镇传承保护和活化利用，推进传统村落挂牌和保护修缮。目前，北京郊区村庄基本完成了美丽乡村村庄规划的编制，未来建设要尽量按照规划要求实施，避免规划、实施两张皮，在房屋建设风格和建筑物外立面上要体现出京韵京味，注重景观设计与营造。加强村庄街巷环境治理，消除侵街占道、乱堆乱放、乱贴乱挂现象，规范各类在村企业、“农家乐”和便民服务商户的生产经营；整治电力、通信、广播电视等架空线乱拉乱接不美观、不安全的行为，有条件的村可以实施线路入地改造。

在“控污”上，主要是推进村庄污水收集与处理设施的建设。在摸清农村污水处理设施建设与运行现状的基础上，要进行科学评价与分类。一是抓好停运或运行效率低的污水处理设施修复改造，提高现有设施的运行率；二是对大量未建村庄要根据村庄和农户分布特征，因地制宜地采用“城带村”“镇带村”“联村”及“单村”等模式，集中或分散建设污水处理设施，要尽可能地用生态理念解决农村污水生态问题；三是要注重污水管网建设，提高污水收集效能，并加强改厕与农村生活污水治理的有效衔接。此外，要加强污水处理设施运营管理，保障设施稳定运行。

在“增绿”上，牢固树立并践行“绿水青山就是金山银山”的理念，统筹山水林田湖草系统治理，加大留白增绿和拆违还绿力度，不断扩大绿色生态空间，提升生态环境质量和容量。推进大尺度森林绿地建设，提升两轮百万亩造林林地质量，高效利用林下空间。实施森林健康经营和封山育林，加强森林绿地管护和监测，提高森林绿地质量。加强河流廊道环境建设和生态治理，推进湿地恢复和建设，提升水体自净能力和生态涵养能力。大力推广生态农业、循环农业、有机农业，提升农业绿色发展水平。加大农田休耕、免耕力度，对裸露农田采取生物覆盖、留茬免耕等措施，提升农田绿化水平，防治扬尘污染。

在“畅通”上，一是抓好乡村街坊道路的维护与破损路面改造；二是推进乡村公路提档升级，形成路网结构更加优化、等级水平逐步提升、沿线设施更加完善的乡村公路网络，特别是对于区域交通线路和乡村旅游线路等一些关键拥堵节点实施“窄路加宽”，提高道路的畅达性；三是加快乡村旅游景区、人口密集区域的停车场、充电桩等基础设施建设，提升乡村交通服务保障水平；四是加强“村村通公交”监管，调整优化公交线路，进一步提升服务水平。此外，根据生产和生活方式的改变，要统筹规划建设农村物流基础设施，推进涉农电子商务平台建设，分期分批组织建设服务“三农”和农村电商的快递末端网点，加快构建“快递下乡”和“农产品进城”双向物流服务体系，让农村生产生活更加畅通。

在“智慧”上，要适应数据与信息技术发展趋势，强化大数据、物联网、云计算、人工智能、区块链等技术的基础支撑作用。继续优化提升农村信息基础设施建设水平，深入推进信息技术在农村人居环境工程项目和社区管理服务中的应用，推进智慧乡村建设和“信息进村入户工程”。推进全市农业农村大数据平台建设，构建全市农业农村数据资源“一张图”。加快实施数字乡村建设，促进农村公共服务、社会治理数字化智能化。结合新冠疫情常态化特征，积极推动远程医疗、远程教育等在北京乡村的应用普及，缩小城乡医疗教育差距，弥合城乡数字鸿沟。

（二）重新审视人居环境整治理念，提升建设效率与水平

在农村人居环境整治过程中，要切实把农民利益摆在第一位，扭转可能存在的“为建而建”倾向、片面追求速度和“名义覆盖率”的现象，必须牢固树立“为民而建、为用而建”的思想，提高持续性和有效覆盖率。农村人居环境工程项目运行成功与否，影响因素众多，运行好的一个关键前提是充分了解把握农村自然、地理、人文等区域特征和经济社会发展基

础，因地制宜，选择适用于当地的工程技术。实现这个目标，建议从两方面着手：一是在乡村人居环境基础设施建设中，切忌工程技术与模式的生搬硬套、“一刀切”，尽量避免简单照搬工业和城市治理方法，防止为追求短期规划目标的实现而匆忙上马项目；农村区域间也不能简单复制，要多听民声、多接地气，充分做好项目实施前的调查与可行性评估。二是把农民从简单终端使用者前置到参与工程技术评估遴选，并贯穿工程项目建设与运维管理等全过程，让农民真正成为工程技术使用的一个重要决策方。

农村人居环境问题的解决还需要从系统论角度来考虑。第一，农村人居环境建设项目类型多，村与村建设水平和需求不一，在建设之前首先要摸清各类已建项目底数和质量，分清各村待建（改）项目的主次、类型并排出顺序，按照财政情况循序推进。第二，人居环境工程项目建设互有交叠，需要制定好农村人居环境项目建设规划方案并严格执行，在具体实施中要统筹考虑地上、地下设施的建设顺序，避免出现道路修建后因为地下设施建设再拆除，拆除后再申请道路维修等违背基本建设规律，进而造成财政资源浪费和社会负面影响的现象。第三，人居环境改善不仅关乎农民生活福祉的提升，而且与乡村产业发展和生态环境质量提高密切相关，在设计农村人居环境项目的建设规模和容量等时，既要从生活的角度考虑，也需要从生态建设和生产发展更宽阔的系统角度来统筹。总之，要充分认识到乡村人居环境建设的长期性、复杂性和艰巨性，不可一蹴而就，要按照习近平总书记所强调的数量服从质量，进度服从实效，求好不求快，把握好时效，稳扎稳打、久久为功。

（三）建立健全长效管护机制，提高美丽宜居乡村建设成效

近年来，农村人居环境项目运行质量与管护机制的具体执行情况之间的正向关联性引起了政府与社会的高度关注。随着乡村振兴战略的深入实

施，美丽乡村建设快速推进，农村公共基础设施建设步伐还将不断加快，建后管护任务也逐渐增加，建立健全农村基础设施长效管护机制刻不容缓。一是要继续完善农村基础设施管护相关制度。细化落实2019年国家发展改革委和财政部出台的《关于深化农村公共基础设施管护体制改革的指导意见》，编制农村公共基础设施管护责任清单，明确管护对象、主体和标准等，并按照基础设施的特征，分类制定各类项目管护的具体制度和办法，建立健全农村基础设施长效管护机制。二是要设置专项管护基金。对管护资金进行科学规划与设计，如可以按照基础设施的服务规模和数量进行核算，每年财政单独列支，或探索建立包含管护资金的“一揽子”报价招标制度等。三是要提高农民的专业技能和文化素质。积极推进本地村民进入管护队伍与农民就业增收相衔接，加强对管护人员的专业技能培训，建立专业化管护队伍；厘清政府主导与农民主体之间的关系，建立农民参与美丽乡村建设的机制和平台，让农民把农村的事、农村的物当成自身的事、物；培养农民参与美丽乡村建设的主体意识，将和谐、宜居、美观等思想植入农民日常生活中，增强农民在美丽乡村建设中的获得感，充分发挥农民群众在基础设施管护中的价值贡献。四是要强化监督考核工作。建立完善考核机制，明确考核内容和流程，督促各区建立健全长效管护机制，落实主体责任，坚决防止出现“重建轻管、只建不管”的现象。按照市级统筹、属地负责原则，建立市、区、乡镇、村委会四级监管机制。

（四）优化资金来源渠道，保障项目建设的巨大资金需求

无论是乡村人居环境各类工程项目建设，还是项目建成后的长期运行维护，都需要巨额的资金作为保障。首先，要统一思想，充分认识到北京的乡村是建设国际一流和谐宜居之都的突出短板和薄弱环节，今后一段时间要把公共基础设施建设的重点放在农村，不断推动农村基础设施建设提

档升级和管护运行机制的完善，继续加大政府财政资金向农村地区投入与倾斜。其次，要规范运用政府和社会资本合作模式，积极拓宽市场化筹资渠道。按照“政府主导、社会参与、多元投入、市场运作”的美丽乡村建设投融资机制主体思路，鼓励不同经济成分和投资主体将社会资本引入人居环境改善与基础设施建设。再次，要创新投融资体制机制，按照公益性项目、市场化运作的理念，充分利用基金管理平台、政府和社会资本合作、政府购买服务等方式，实现政府资金与社会资金的统筹使用。最后，要充分利用社会资源。积极鼓励和引导人民团体、企事业单位、社会组织和爱心志愿人士，通过行业联手、人才和技术支持、结对帮扶、捐资捐物等方式参与美丽乡村建设。特别是要积极引导已经累积了丰厚的资本和广泛的人际关系的外出成功人士，参与到当地的美丽宜居乡村建设中，为家乡和社会发展贡献力量。在引进外来资本和力量参与乡村人居环境建设时，要以不得侵害农民利益、破坏农村可持续发展为前提，塑造出美丽宜居乡村建设的风清气正的良好氛围。

下　编

农村人居环境整治案例分析

——北京农村生活污水治理

第三章

农村污水主要来源与特征

农村水污染是一个世界性问题，在发展中国家尤为严重。据估计，中国农村地区排放的污染物占到环境水体中污染物总数的50%左右，其中化学需氧量（COD）为43%、总氮（TN）为57%、总磷（TP）为67%，所造成的损失占全国GDP的3.1%。农村用水量增加、农药广泛使用、污水直接灌溉和废水直接排放是造成农村水体污染的直接或间接原因，但农村污水处理设施的匮乏和管理的缺失是导致农村水环境持续恶化的重要推手。农村污水有三个主要来源，即居民生活污水、工业污水和畜禽养殖污水，其中占比最大的是居民生活污水。在发达国家，城镇和农村地区的污水处理设施覆盖度高，污水处理系统较完善。但在许多发展中国家，农村地区的污水处理形势依然严峻。

建设污水处理设施是解决农村水污染问题的重要手段。在城市区域，污水处理模式通常为集中处理，即将污水通过市政管网收集到集中式污水处理厂进行集中处理。随着农村地区社会经济的发展，农村地区居民用水量逐渐增加，随之而来的是农村地区污水产生量的增加。集中式污水收集和处理系统的建造成本与运行成本很高，尤其是在人口密度较低和居住较为分散的地区。因此，集中式污水处理方法应用于农村地区的局限性开始显现。发展中国家既缺乏建设集中式污水处理设施的资金，也缺乏管理和操作集中式设施的技术。对于发展中国家农村地区而言，采用管理灵活、技术简单、廉价可靠的现场和（或）集群系统组合的分散式废水处理方法才是可持续的解决方案。在这样的处理思路下，人工湿地、化粪池和稳定塘等多项技术正广泛应用于世界各地的农村污水处理。

一、农村污水主要来源

（一）农村污水来源

1. 生活污水

生活污水是农村污水的主要来源。农村生活污水是指农村地区居民生活、商业服务、旅游服务所产生的污水，主要为冲厕、餐饮、洗衣、洗浴和清扫等生活行为产生的污水。其中，衣物洗涤废水中洗衣粉的使用大大加剧了农村氮、磷污染，直接排入水体会造成湖泊富营养化加重等问题。

2. 禽畜养殖废水

禽畜养殖废水，是指在养殖猪、牛、鸡、羊等牲畜的过程中产生的废水，主要包括动物尿液、冲洗水及养殖场区的少量生活污水。禽畜养殖废水排放按照养殖规模可划分为规模化养殖和庭院养殖。规模化养殖场中，养鸡场废水以冲洗水为主，其余养殖场废水中尿液占主要部分。近年来，庭院养殖逐渐减少，又因点源排放量较小而易被忽视，但实际上该类养殖废水排放总量仍然较大。

3. 村镇工业废水

村镇工业废水包括生产废水和生产污水。生产废水是指受轻微污染或水温略有升高的工业废水。生产污水是指在工业生产过程中产生的废水和废液，其中包括随水流失的原料、加工中间产物及生产过程中产生的污染物等。水产品及果蔬产品加工、屠宰和肥料生产等为常见的污染较重的村镇企业。

4. 肥料地表径流污水

肥料地表径流污水，是指当降雨或漫灌强度超过土壤下渗速度时形成的地表径流，部分肥料溶解并随之迁移所产生的污水。施肥量大于土地承载力和长期施用化肥造成土壤板结均会导致肥料地表径流污水的产生。此类污水不仅浪费宝贵的肥料资源，且被排入水体后会造成流域水体富营养化等诸多环境问题。

（二）农村污水排放量

农村污水产生量应根据农村供水水平、污水处理设施条件、排水管网建设程度等确定。因此，农村污水产生量很难进行精确计算。郭芳等根据我国住房和城乡建设部于2010年制定的《分地区农村生活污水处理技术指南》，对2013年、2019年全国及东部、中部、西部地区农村生活污水产生量进行计算。

从全国来看，2019年我国农村生活污水产生量为110.37亿~165.56亿 m^3。全国农村生活污水低限产生量从2013年的74.69亿 m^3 增加到2019年的110.37亿 m^3，增加了35.68亿 m^3；高限产生量从2013年的112.04亿 m^3 增加到2019年的165.56亿 m^3，增加了53.52亿 m^3。2013—2019年总增长率为47.77%，年均增长率为6.82%。

从各区域来看，2019年我国东部、中部、西部地区农村生活污水产生量分别为43.03亿~64.56亿 m^3、34.18亿~51.27亿 m^3 和33.16亿~49.73亿 m^3，分别约占全国农村生活污水产生量的46.25%、25.82%和27.78%。由此可见，不同地区农村污水产生量差别较大，东部地区的产生量约占全国产生量的一半。同时，农村生活污水产生量的变化情况也表现出明显的地区差异性，东部、中部、西部地区农村生活污水产生量变化分别为6.72亿~

10.09 亿 m^3、15.82 亿~23.73 亿 m^3 和 13.34 亿~20.00 亿 m^3，增长率分别达到 18.51%、86.17%和 67.31%。对比污水产生量增长率，可以看出污水产生量增长情况为中部地区>西部地区>东部地区，且中部和西部地区增长率明显高于全国平均水平（47.78%）。

（三）农村污水处理情况

全国各地农村污水处理设施普遍面临区域发展不平衡、资金投入不足、设备设置不合理、管理力量缺乏、监督机制不完善等问题，这些因素严重制约了农村污水处理事业的发展。《第一次全国污染源普查公报》显示（见表 3-1），我国污水排放中农业源 COD 排放量在全国总排放量中的占比达 43.71%，TN 与 TP 占比分别达到 57.19%和 67.35%，已逐渐超越工业成为我国环境污染的主要来源。农村每年产生污水约 160 亿吨，但污水处理率却仅为 30%左右，远低于城镇 95%以上的污水处理率。从地域分布来看，截至 2013 年底，全国乡村污水处理率超过 10%的地区有 8 个，其中上海、浙江、江苏和北京等地区的乡村污水处理率最高，污水处理率分别达到 52.8%、51.9%、25.9%和 23.3%，但绝大多数地区的乡村污水处理率不足 5%，黑龙江的污水处理率最低，仅为 0.4%。可见，农村污水处理一直以来是农村人居环境整治的短板。大量农村生活污水未经处理直接排入水体，不仅加重了我国的面源污染问题，而且会直接威胁到农村的饮用水水源安全。

表 3-1 《第一次全国污染源普查公报》中全国废水中主要污染物排放量

单位：万吨

	工业源	农业源	生活源	集中式污染治理设施	总量
COD	564.36	1324.09	1108.05	32.46	3028.96
TN	—	270.46	202.43	—	472.89

续表

	工业源	农业源	生活源	集中式污染治理设施	总量
TP	—	28.47	13.80	—	42.27
氨氮	20.76	—	148.93	—	169.69

随着乡村振兴战略的全面实施，农村生活污水等人居环境治理工作得到高度重视，2018 年中央一号文件《中共中央　国务院关于实施乡村振兴战略的意见》明确提出，实施农村人居环境整治三年行动计划，以农村垃圾、污水治理和村容村貌提升为主攻方向。中共中央办公厅、国务院办公厅印发的《农村人居环境整治三年行动方案》要求推广低成本、低能耗、易维护、高效率的污水处理技术。随着三年行动方案的结束，《农村人居环境整治提升五年行动方案（2021—2025 年）》接续实施，农村生活污水得到了有效治理。农村生活污水治理率数据各种统计口径和资料记录存在一定差异。据生态环境部土壤生态环境司在 2023 中国乡村振兴与环境发展论坛上表述，目前农村生活污水治理率达到 31%以上。2025 年中国农村生活污水治理率要达到 40%。

二、农村污水主要特征

农村由于具有不同于城镇地区的地域、人口、经济及发展程度特点，其污水水量、水质与城市废水有较大差别。农村污水主要有以下特点：

（一）农村生活污水总量巨大

根据第六次全国人口普查，我国居住在农村的人口约为 6.74 亿人，农村每年产生生活污水约 160 亿吨，人均污水排放量相对较低，但总量较大。据不完全统计，我国村镇污水排放总量约 270 亿吨，且该排放量数据近年来随着我国快速发展不断上升。但因为各农村分布较为分散，所以污水流量较小。

（二）农村污水成分复杂

农村污水中主要污染物为COD、悬浮物（SS）、氮、磷以及致病微生物，且农村污水排放量在全国范围内占比较大。农村生活污水由于含有较多的人畜粪便，氮磷浓度要高于一般城镇污水，寄生虫卵与细菌含量高于城市生活污水，但受生活习惯与生活条件影响，农村生活污水一般不含有毒物质，重金属含量极低，有机污染物含量低于城市污水，可生化性较好。农村污水的排放量逐年增加，第一次全国污染源普查结果显示，农村的污染物排放量已经占到了全国污染物总排放量的50%左右，其中COD占到了约43%，总氮占到了约57%，总磷占到了约67%。

（三）农村污水处理率低

农村污水分布较为分散，管网收集系统不健全，造成污水随意粗放排放。污水处理成本主要包括污水收集管网、污水处理厂及附属设施的建设成本和运行成本，一般污水收集管网建设成本为污水处理设施的3~4倍。由于污水处理设施建设成本较高，我国96%的农村没有污水处理及收集系统，大多数农村污水几乎是未经过任何处理直接排入村镇中河道、池塘和地下水等水体。少数靠近城镇的农村虽建有排水管网，但多采用雨污合流形式排水。多数农村采用明渠或自然沟渠排放生活污水和雨水，在南方经济较发达的地区建有化粪池，化粪池出水多由明渠排放或就近排入水体。另外，农村总体较低的经济水平还限制了污水处理技术的选择。虽然污水得到一定的处理，但经化粪池处理后的污水中含有大量的有机污染物，难以满足环境保护的要求，对地表与地下水体仍存在污染隐患。

（四）农村生活污水季节性变化大

由于经济原因、地理位置、生活习俗和季节因素的影响，农村生活污水呈现水质、水量昼夜和季节变化系数较大、波动性强的特点。由于居民生活习惯，农村生活污水排放在早、中、晚各有高峰时段，夜晚排放量小，甚至可能出现断流，即排水呈不连续状态，且农村季节性生产企业较多，肥料地表径流形成的污水主要集中于春季与夏季。因此，农村生活污水水量变化明显，日变化系数与月变化系数均存在较大波动，日变化系数一般在 3.0~5.0，在某些情况下甚至可以达到 10.0 以上。另外，不同时段的水质也不同，COD 的量随养殖家禽而改变，TN 整体分布较均匀，TP 随四季变化而变化。

（五）农村污水区域间差异较大

农村污水水质、水量因地区和经济发展情况存在较大差别。在经济发达地区，由于有工厂的存在，农村污水成分与城市废水相近，与偏远地区、经济落后的农村污水水质相差明显。近年来，国家加大城市污染控制，一些城市污染严重的企业迁至城郊和农村，致使部分原本以单一生活污水为主要特征的农村污水，向工业废水与生活污水混合的复杂废水转变。城市废水与垃圾向农村的迁移，使原本靠环境容量自净的农村环境压力加大，同时也使农村不同地区水质出现较大差别，在选择处理工艺时难度加大。

三、农村生活污水治理的主要问题

我国农村分布广，各村人口相差较大，多则上千户，少则几十户，而且污水日变化系数大，日污水流量不连续。农村地形复杂，布局分散，增加了污水收集处理难度。污水在输送过程中还会发生跑、冒、渗、漏现象，对管网沿线的土壤与水体造成二次污染。若采取城市废水处理模式，集中收集污水，运送至污水处理厂统一处理，这就要求建设庞大的排水管网，修建污水处理设施，基建投资与运行维护费用均很高，尤以北方为甚，国家与地方财力难以承受。

目前，农村基础设施薄弱，农村居民环境保护意识较差，人们关注水环境的观念不强，村民的文化水平较低，大多将污水直接排向自然坑塘或者随意泼洒，给农村生活污水集中处理造成了困难。例如，根据对河北省的调查，有82%的农村居民对农村生活污水污染问题并不关心，这也是造成农村生活污水难处理的一大因素。此外，农村生活污水处理缺少必要的专业技术人员，农村生活环境差，专业人员很少愿意去农村工作定居，因此污水处理设施的运行维护管理较为困难，往往是建成了污水处理设施，但难以长久维持其运行。

许多其他国家较早地开展了农村生活污水治理研究，其成功处理技术可以被国内科技工作者借鉴。由于我国农村居民生活方式、经济状况与国外有较大差异，在开展我国农村污水治理时，不应全盘照搬国外已有的处理方法，应选择适合我国农村实际情况的技术与工艺，因地制宜地采取集中处理与分散收集、分散处理相结合的污水处理方法。

四、农村生活污水处理排放标准

（一）污水现行相关标准

目前我国尚未制定专门针对农村生活污水处理排放的国家标准，《农村环境连片整治技术指南》（HJ 2031—2013）中要求农村生活污水连片处理项目、集中式农村生活处理设施排放管理参考标准为《城镇污水处理厂污染物排放标准》（GB 18918—2002），分散式农村生活处理设施排放标准参考《城市污水再生利用　农田灌溉用水水质》（GB 20922—2007）。由于相关国家排放标准制定时间较早，且农村污水和城镇污水在水质上存在很大差异，因此采用上述标准进行农村地区环境管理时存在诸多问题。另外，我国南方与北方气候等多方面情况差异较大，各地农村污水水质、水量等特点不同，应结合当地情况，因地制宜地选择合适的污水排放标准。各类直接排放入水体的水质标准限值如表 3-2 所示。

表 3-2　部分现行污水处理排放国家标准　　单位：mg/L

标准名称	COD	BOD_5	SS	TP	NH_3-N	备注
《污水综合排放标准》（GB 8978—1996）一级标准	60	20	20	—	15	排入 GB 3838Ⅲ类水域（划定的饮用水水源保护区和游泳区除外）、GB 3097 二类海域
《污水综合排放标准》（GB 8978—1996）二级标准	120	30	30	—	25	排入 GB 3838Ⅳ、Ⅴ类水域和排入 GB 3097 三类海域
《城镇污水处理厂污染物排放标准》（GB 18918—2002）一级 A 标准	50	10	10	0.5	5（8）	排入稀释能力较小的河湖作为城市景观用水和一般回用水等
《城镇污水处理厂污染物排放标准》（GB 18918—2002）一级 B 标准	60	20	20	1	8（15）	排入 GB 3838 地表水Ⅱ类功能水域（划定的饮用水水源保护区和游泳区除外）、GB 3097 海水二类功能海域和湖、库等封闭或半封闭水域
《城镇污水处理厂污染物排放标准》（GB 18918—2002）二级标准	100	30	30	3	25（30）	排入 GB 3838 地表水Ⅳ、Ⅴ类功能水域或 GB 3097 海水三、四类功能海域
《地表水环境质量标准》（GB 3838—2002）Ⅲ类水标准	20	4	—	0.2（湖、库 0.05）	1.0	

注：—表示标准中未列出。

在现今已有的污水处理排放标准中，污水最终去向是制定农村生活污水处理标准的一个重要依据。污水资源化是农村生活污水治理发展的方向和趋势。《村庄污水处理设施技术规程》（CJJ/T 163—2011）要求，村庄生活污水处理应优先考虑资源化利用，并符合相关利用标准。农村生活污水中含有氮、磷、有机物等营养成分，回收用于农田灌溉既可解决农田灌溉水资源不足的问题，又可减少污水处理过程中因氮、磷等去除而产生的投资和设备运行费用。因此，应分资源化利用和直接排放两类来制定农村生活污水排放标准。

资源化利用时，农村生活污水排放标准的污染物控制项目选择建议参考《农田灌溉水质标准》（GB 5084—2005）、《渔业水质标准》（GB 11607—89）和《城市污水再生利用》系列标准等国家相关标准。同时，2018 年施行的《水污染防治法》规定，向农田灌溉渠道排放城镇污水以及未综合利用的畜禽养殖废水、农产品加工废水的，应当保证其下游最近的灌溉取水点的水质符合农田灌溉水质标准。部分农村污水资源化排放的水质标准限值如表 3-3 所示。

表 3-3 部分农村污水资源化参考排放标准

单位：mg/L

标准名称	COD	BOD_5	SS	TP	NH_3-N
《城市污水再生利用 景观环境用水水质》（GB/T 18921—2019）水景类标准	—	6	10	0.5	5
《城市污水再生利用 城市杂用水水质》（GB/T 18920—2019）冲厕类标准	—	10	—	—	10
《渔业水质标准》（GB 11607—89）	—	5（3）	10	—	—
《农田灌溉水质标准》（GB 5084—2021）旱作物标准	200	100	100	—	—
《农田灌溉水质标准》（GB 5084—2021）水作物标准	150	60	80	—	—
《畜禽养殖业污染物排放标准》（GB 18596—2001）	400	150	200	8.0	80

注：—表示标准中未列出。

目前，我国农村缺乏相应的生活污水排放标准和污水处理设施的长效运行管理机制，农村生活污水排放标准采用的是《城镇污水处理厂污染物排放标准》（GB 18918—2002）、《污水综合排放标准》（GB 8978—

1996）等，但GB 18918—2002和GB 8978—1996制定的主要依据是大、中城市的水环境状况和经济技术情况，对农村污水的治理并不具有很好的适用性。总体来说，针对农村地区的污水处理排放标准仍较为匮乏，需要进一步结合实际进行研究制定。

（二）农村生活污水处理地方标准建设进展

近年来，国家对于农村生活污水治理问题的重视程度不断加深。2015年4月《水污染防治行动计划》（以下简称“水十条”）发布，2017年《全国农村环境综合整治“十三五”规划》发布，2018年2月《农村人居环境整治三年行动方案》发布，在一系列国家政策的推动下，农村污水治理市场迅速发展，各省均在国家政策下，开展了农村污水治理相关行动计划或规划。

2018年9月，生态环境部、住房和城乡建设部印发了《关于加快制定地方农村生活污水处理排放标准的通知》，指出出水直接排入环境功能明确的水体，控制指标和排放限值应根据水体的功能要求和保护目标确定。《关于加快制定地方农村生活污水处理排放标准的通知》发布以来，各省份按照要求陆续出台地方标准，具体情况如表3-4所示。

表3-4 农村生活污水排放地方标准

省（区、市）	标准名称	印发时间	施行时间
重庆	《农村生活污水集中处理设施水污染物排放标准》（DB 50/848—2018）	2018-04-08	2018-07-01
陕西	《农村生活污水处理设施水污染物排放标准》（DB 61/1227—2018）	2018-12-29	2019-01-29
北京	《农村生活污水处理设施水污染物排放标准》（DB 11/1612—2019）	2019-01-07	2019-01-10
河南	《农村生活污水处理设施水污染物排放标准》（DB 41/1820—2019）	2019-06-06	2019-07-01

续表

省（区、市）	标准名称	印发时间	施行时间
上海	《农村生活污水处理设施水污染物排放标准》（DB 31/T 1163—2019）	2019-06-14	2019-07-01
天津	《农村生活污水处理设施水污染物排放标准》（DB 12/889—2019）	2019-07-09	2019-07-10
江西	《农村生活污水处理设施水污染物排放标准》（DB 36/1102—2019）	2019-07-17	2019-09-01
甘肃	《农村生活污水处理设施水污染物排放标准》（DB 62/4014—2019）	2019-08-14	2019-09-01
黑龙江	《农村生活污水处理设施水污染物排放标准》（DB 23/2456—2019）	2019-08-27	2019-09-27
贵州	《农村生活污水处理设施水污染物排放标准》（DB 52/1424—2019）	2019-09-01	2019-09-01
云南	《农村生活污水处理设施水污染物排放标准》（DB 53/T 953—2019）	2019-09-23	2019-12-23
山东	《农村生活污水处理处置设施水污染物排放标准》（DB 37/3693—2019）	2019-09-27	2020-03-27
辽宁	《农村生活污水处理设施水污染物排放标准》（DB 21/3176—2019）	2019-09-30	2020-03-30
新疆	《农村生活污水处理排放标准》（DB 65 4275—2019）	2019-10-24	2019-11-15
山西	《农村生活污水处理设施水污染物排放标准》（DB 14/726—2019）	2019-11-01	2019-11-01
海南	《农村生活污水处理设施水污染物排放标准》（DB 48/483—2019）	2019-11-04	2019-12-15
福建	《农村生活污水处理设施水污染物排放标准》（DB 35/1869—2019）	2019-11-12	2019-12-01
广东	《农村生活污水排放标准》（DB 44/2208—2019）	2019-11-22	2020-01-01
四川	《农村生活污水处理设施水污染物排放标准》（DB 51/2626—2019）	2019-12-17	2020-01-01
西藏	《农村生活污水处理设施水污染物排放标准》（DB 54/T 0182—2019）	2019-12-20	2020-01-19
湖北	《农村生活污水处理设施水污染物排放标准》（DB 42/1537—2019）	2019-12-24	2020-07-01

续表

省（区、市）	标准名称	印发时间	施行时间
安徽	《农村生活污水处理设施水污染物排放标准》（DB 34/3527—2019）	2019-12-25	2020-01-01
湖南	《农村生活污水处理设施水污染物排放标准》（DB 43/1665—2019）	2019-12-25	2020-03-31
宁夏	《农村生活污水处理设施水污染物排放标准》（DB 64/700—2020）	2020-02-28	2020-05-28
内蒙古	《农村生活污水处理设施水污染物排放标准（试行）》（DB HJ/001—2020）	2020-03-16	2020-04-01
吉林	《农村生活污水处理设施水污染物排放标准》（DB 22/3094—2020）	2020-04-01	2020-04-01
江苏	《农村生活污水处理设施水污染物排放标准》（DB 32/3462—2020）	2020-05-13	2020-11-13
青海	《农村生活污水处理排放标准》（DB 63/T 1777—2020）	2020-05-26	2020-07-01
河北	《农村生活污水排放标准》（DB 13/2171—2020）	2020-12-28	2021-03-01
浙江	《农村生活污水集中处理设施水污染物排放标准》（DB33/973—2021）	2021-09-09	2022-01-01
广西	《农村生活污水处理设施水污染物排放标准》（DB 45/2413—2021）	2021-12-27	2022-06-27

各省市依照国家相关政策发布地方标准，可见农村生活污水治理的必要性与标准化程度在全国范围内日益受到重视，各地针对农村生活污水制定的地方标准为农村生活污水相对于水质有较大差别的城市污水的排放进行了区分。大部分农村污水地方标准中的污染物控制项目主要包括 pH、COD、SS、氨氮（NH_3-N）、TN、TP 等，少量地方标准对粪大肠菌群数类的微生物指标做出了限制。排放限值的分级主要依据包括排入水体敏感程度、村庄类型、处理规模和综合利用情况等。

总体来看，地方标准是当地政府考虑到各地水质不同、经济发展程度不同所制定的，可实施性更好。大部分省市地方标准在控制水平上与

GB 18918—2002 标准限值类似或略为宽松，如重庆地方标准中的排放限值高于全国城镇污水限值。另外，各省市发现过于严格的标准仍不适用于我国大部分地区的农村生活污水处理，仍需因地制宜，而不是一味地追求过于严格的标准，忽视了实际情况所能达到的达标率。如在天津市地方标准制定过程中，2019 年发布的征求意见稿中各指标排放标准均为全国最严，该标准在 COD、氨氮和总磷等指标上的控制尤为严格，限值标准远高于国标中各指标的排放标准，对排入各类水体、湖泊的出水都做出了严格要求，但在 2019 年 7 月 9 日发布的天津市地方标准 DB 12/ 889—2019 中，对各指标限值都适当进行了放宽，并且在排入湖泊等水体的出水要求上仍执行国家标准，排入沟渠、池塘等水功能区划未明确水体的，才执行当地地方标准。也有部分地区农村污水处理地方标准严于 GB 18918—2002，如北京市地方标准。

第四章

农村生活污水处理主要技术与装备

一、农村生活污水处理主要技术

农村生活污水处理技术多种多样，主要包括沼气池、化粪池、活性污泥法、人工湿地、生物膜法、土地处理技术和“生物+生态”组合工艺技术等。其中，应用较为广泛的为“生物+生态”组合工艺技术、人工湿地和生物膜法。

按处理程度划分，农村生活污水处理可分为一级、二级和三级处理系统。一级处理为预处理，污水经一级处理后一般达不到排放标准，一级处理系统主要包括化粪池和沼气池技术。二级处理主要是去除污水中大量的有机污染物，多使用生物处理方法，二级处理后的污水一般可达到农灌水的要求和废水排放标准，但仍可能造成天然水体的污染，常见的二级处理系统主要有厌氧+人工湿地、格栅+接触氧化池、格栅+氧化沟、格栅+A^2O等。三级处理后污水可达到工业用水或城市用水所要求的水质标准，三级处理系统中使用较多的是“生物+生态”组合工艺技术，常见的组合工艺主要有厌氧池+生物接触氧化池+人工湿地和格栅+复合滤池+人工湿地等。

从工艺原理上划分，农村生活污水处理技术可归为两类：第一类是生态处理系统，又分为沟塘技术与土壤技术，它利用土壤过滤、植物吸收和微生物分解的原理处理污水。其中，沟塘技术包括氧化塘、地表漫流系统等；土壤技术包括土壤渗滤系统、地下渗滤系统、人工湿地等。第二类是生物处理系统，又分为好氧生物处理和厌氧生物处理。其中成熟的生物处理技术包括活性污泥法、膜技术、生物膜法、氧化沟法等。

我国农村生活污水处理技术从处理程序上可分为一体化处理设备和分步处理工艺两种，这两类污水处理技术都在我国农村生活污水处理中得到了广泛应用。一体化处理设备包括气升回流一体化设备等。分步处理工艺包括预处理工艺与主处理工艺，其中主处理工艺主要有人工湿地、土壤渗滤、蚯蚓生态滤池与稳定塘等。

从全世界范围来看，上述研究技术可以归纳为集中处理和分散处理两种模式。此外，还存在一种新的尚无实际应用案例的处理模式，即半集中处理模式。

（一）集中式污水处理技术

集中处理模式是将一个区域内的农户产生的生活污水经某种方式集中后，建站或者通过管道统一接入邻近的市政污水管网处理，规模较大、服务人口多、涉及工艺种类多，多为活性污泥法、氧化沟法、A^2O、人工湿地、生物接触氧化等工艺的组合应用。集中式处理设施主要建设在人口密集、管网铺设良好的乡镇地区，如中国的城乡接合部地区。集中处理的优点是该种处理模式具有较强的抗冲击能力、管理简便、出水水质好。缺点是建设投资大、运行成本高、技术复杂、对维护人员专业水平要求高，且难以去除新型污染物。该种模式主要适用于农村布局相对集中、人口较多、规模大而且经济条件较好的单个村庄或联村的污水处理。对于人口密度低、居住分散的农村地区，由于管网铺设成本较高且缺乏专业人士负责设施的运营和维护，建立污水处理厂是不现实的。典型的集中式污水处理技术有以下几种：

1.“生物+生态”耦合处理

随着经济技术的发展，污水排放标准也越来越严格。单一种类的污水处理技术很难保证污染物去除率和经济技术指标达到最优，因此越来越多的组合工艺被应用到农村生活污水处理的工程中。其中，“生物+生态”组合工艺处理效果较好。常用的“生物+生态”组合工艺有接触氧化池+人工湿地、生物滤池+人工湿地等。

例如，接触氧化池+人工湿地组合工艺，是指在生物接触氧化工艺后，人工湿地工艺深度处理污水的技术。此类组合工艺在生物接触氧化池和人工湿地各自启动完成后，将两者联合起来。污水首先进入接触氧化池，经生物氧化作用后，出水进入后续人工湿地系统。污水进入人工湿地系统再次被净化，各项指标明显提升，且在人工湿地前辅以接触氧化的前处理，可有效避免人工湿地堵塞等问题，使湿地能更好地发挥其处理效果。又如，生物滤池+人工湿地组合工艺是在生物滤池工艺后，人工湿地工艺深度处理污水的组合型污水处理技术。生物滤池与人工湿地工艺相结合，可以提高常温下生物滤池脱氮除磷的效果。该系统不经过曝气，出水水质就能达到较高标准，在提高出水水质的同时也可降低能耗。

2. 生物膜法

生物膜法是指大量微生物附着于表面形成生物膜，利用生物膜吸附并降解污染物质，使污水水质得以改善的生物方法。生物膜法进行代谢作用的微生物包括两部分，主要为附着于填料上生长的微生物，还有直接在污水内悬浮生长的微生物。生物膜法的特点是对水质、水量变动适应性较强，耐冲击性好，微生物多样化，出水水质较好，维护管理相对简便。生物膜法主要包括生物滤池、生物接触氧化、生物转盘等多种工艺。

生物滤池是以土壤自净原理为依据，在污水灌溉的实践基础上，经较原始的间歇砂滤池和接触滤池而发展起来的人工生物处理技术。生物滤池通常由碎石或塑料制品填料构成，可分为普通生物滤池、高负荷生物滤池、塔式生物滤池和曝气生物滤池。生物滤池主要依靠滤床内填装的填料对污水净化处理，填料表面有附着生长的生物膜，污水中的污染物质经物理过滤作用、好氧氧化和缺氧反硝化等生物化学作用，最终浓度得到降低。典型的生物滤池包括BOD去除率能达到90%以上且出水稳定的低负荷生物滤池、负荷率和流程可被调整的高负荷生物滤池、水力负荷高的塔式生物滤池和投资运行费用低且出水水质优的曝气生物滤池等。

生物接触氧化是在生物滤池的基础上改良发展而来的，又称淹没式曝气生物滤池。生物接触氧化法是在曝气条件下，在生物氧化池内安装填料，使生物膜生长于填料上，污水流经时，水中氨氮、有机物等污染物被微生物代谢分解，最终达到净化污水的目的。根据曝气装置位置的不同，生物接触氧化池可被分为分流式与直流式。根据水流特征，生物接触氧化池又分为内循环式和外循环式。在实际建设中，内循环直流式接触氧化池应用最为广泛。生物接触氧化工艺占地面积小，处理效率高，耐冲击负荷能力强，出水水质稳定，技术适应性强且污泥产生量少，但该技术构筑物繁多，须加入生物填料，运行成本偏高，基本维持在1.2元/m^3，且对维护人员要求较高，适合于经济发达的农村地区。在缺少资金的地区，可以通过采用兼性接触氧化为主、机械曝气为辅的水处理方法，降低工艺技术的运行成本。

生物转盘工艺是污水灌溉和土地处理的人工强化，这种处理法使细菌和菌类的微生物、原生动物等微型动物在生物转盘填料载体上生长繁育，形成膜状生物性污泥——生物膜。污水经沉淀池初级处理后与生物膜接触，生物膜上的微生物摄取污水中的有机污染物作为营养，使污水得到净化。生物转盘主要由盘体、氧化槽、转动轴和驱动装置等部分组成。处理村庄污水的中小型转盘可由一套驱动装置带动一组（3~4 级）转盘工作。其优点是工艺环节简单，运行管理较方便；缺点是水量适应性弱，污泥产生量较多。

3. 活性污泥法

活性污泥法是利用悬浮在废水中的活性污泥对废水中的污染物进行吸附、氧化分解，从而达到废水净化效果的一种方法。活性污泥法及其衍生改良工艺是处理城市污水应用最为广泛的方法。它能从污水中去除溶解性的和胶体状态的可生化有机物、能被活性污泥吸附的悬浮固体和其他一些物质，同时能部分去除氮磷污染物。

目前，活性污泥法较成熟的工艺有厌氧-好氧（AO）工艺、厌氧-缺氧-好氧（A^2O）工艺、传统序批式活性污泥法（SBR）系列工艺、周期循环活性污泥（CASS）工艺和间歇式循环延时曝气活性污泥（ICEAS）工艺等。

该类技术结构简单、操作简便、占地面积小、处理效果好、出水水质稳定，但建设和运行费用较高，部分技术对操作人员的技术水平要求较高，比较适用于经济条件好、与水源地距离近、对出水水质要求较高的村庄。

AO 工艺通过控制污水中的氧气浓度，利用不同种类微生物（也称为活性污泥）的特性净化污水，通常是厌氧池微生物脱氮、好氧池微生物分解污水中有机物、氨氮和除磷。该工艺对污水中的有机物、氨氮等污染物均有较好的去除效果，脱氮效率可以达到 80%左右，对污水浓度变化适应能力强，但工艺流程较为复杂、占地面积较大，对运行管理技术水平要求高。

A^2O 是一种常用的污水处理工艺，可用于二级污水处理或三级污水处理，以及中水回用，具有良好的脱氮除磷效果。A^2O 中的厌氧反应器主要功能是释放磷以及消减部分有机物；缺氧反应器主要功能是脱氮和消减有机物；好氧反应器主要功能是分解污水中的有机物、氨氮和除磷。该工艺有机物去除率高，具有较好的抗冲击负荷能力，出水水质好，能深度脱氮、除磷，但该工艺建设成本较高，对管理水平要求高。

SBR 集进水、曝气、沉淀、出水流程于一池中完成，间歇运行，其特点是工艺简单。由于只有一个反应池，不需二沉池、回流污泥及设备，一般情况下不设调节池，多数情况下可省去初沉池，故节省占地面积和投资费用，耐冲击负荷能力强且运行方式灵活，可以从时间上安排曝气、缺氧和厌氧的不同状态，实现除磷脱氮的目的。SBR 具有工艺流程简单、运转灵活、基建费用低等优点，能承受较大的水质、水量的波动，具有较强的耐冲击负荷的能力，较为适合农村地区应用。但 SBR 的工作周期通常包括进水、反应（曝气）、沉淀、排水和空载五个阶段，需要自动控制，因此对自控系统的要求较高；间歇排水，池容的利用率不理想；在实际运行中，废水排放规律与 SBR 间歇进水的要求存在不匹配问题，特别是水量较大时，需多套反应池并联运行，增加了控制系统的复杂性。

CASS 是在 SBR 的基础上发展而来的，即在 SBR 反应池内进水端增加一个生物选择器，实现了连续进水（沉淀期、排水期仍连续进水）、间歇排水，水质适应性强、水量适宜性强、出水稳定性好、污泥产生量较多，需要较高的自控水平，较难维修。其适用于经济条件较好、水质要求较高的地区。顺义葛代子村、北京航天城等地方就采用了该工艺。

4. 膜生物处理技术（MBR）

MBR 又称膜生物反应器（Membrane Bio-Reactor），是将高效膜分离技术与传统活性污泥法相结合的一种新型高效污水处理工艺，其原理是通过膜组件的高效截留作用将净化后的水排出系统，被截留下的大分子有机物上的大量微生物继续与污水中有机物反应，从而提高有机物的处理效率。

MBR 工艺主要由三部分组成，即提水泵、生物反应器和膜组件。这三个组成件在污水处理中所担负的功能不同，其中，提水泵主要是为污水处理提供动力或压力；生物反应器主要是降解污染物；膜是一种介质，主要是对特殊污染物和混合液进行分离和萃取。

独特的 MBR 平板膜组件被放置于曝气池中，通过好氧曝气和生物处理后的水，再由过滤膜过滤之后由泵抽出，利用膜分离设备把生化反应池中的活性污泥和大分子有机物截留，省去了二沉池，使活性污泥浓度大大提高。MBR 是利用膜组件进行固液分离，可分别控制污泥停留时间和水力停留时间，从而使那些难以降解的物质在反应器中不断地降解和反应，实现良好的处理效果。

该技术污染物去除率高，不会发生污泥膨胀而影响出水水质的情况，固液分离能力强，能够维持很高的污泥浓度，容积负荷高，抗冲击性能强，生化处理强，占地面积少，污泥产率低，设备可实现自动化、模块化运行。但 MBR 工艺在运行过程中有较高的管理要求，存在膜污染、维护难等问题，膜的定期清洗需要相关管理人员进行操作。且由于运行过程中使用了生物膜和泵，基建费用高、耗能大、运行费用高，水处理成本为 1.4~2 元/m^3。受限于以上因素，MBR 工艺在北京等经济发展较好的农村地区应用较为广泛，但在全国范围内的推广受到一定限制。

5. 好氧-厌氧反复耦合污泥减量化技术（rCAA）

rCAA 是一种融合生物膜技术与活性污泥技术双重优点，集多级 AO 技术、MBR 技术为一体的生物处理技术。该技术利用多点进水、池内添加结构可控的多孔微生物载体等手段，通过微生物种群设计和控制提高生物反应速度，实现有机污染物和氮磷的同时去除，保障出水效果，并通过微生物死亡及溶胞环境的强化等在污水净化的同时实现剩余污泥的原位减量化。

多种微生物协同反应的结果是污水中的污染物被转化为无害气体释放到体外，在达到污水碳氮高效去除的同时，实现剩余污泥的原位减量化。

该工艺的结构是进水中的有机物首先进入好氧区，好氧污泥利用这些有机物进行代谢并生成新的增殖污泥，这部分污泥随水流作用进入下游的厌氧区；在厌氧区，好氧污泥由于环境的变化以及厌氧区胞外酶的作用，发生死亡溶解从而释放出胞内蛋白质、脂肪和多糖，而这些高分子物质在水解细菌及酸化细菌的作用下被降解成低分子量物质；这些低分子量物质流入下游的好氧区而被好氧污泥再次利用；未被捕获的污泥在厌氧区发生内源代谢，消耗体内的 ATP，流到好氧区后除部分用于合成细胞内物质外，还形成细胞合成代谢及分解代谢的解偶联；同时随着水平流动距离的增加及下游环境的改善和稳定变化，原生动物和微型动物在下游的好氧区内的密度逐步升高，而且稳定存在，强化了污泥的捕食效应，进一步稳定了出水水质。

（二）半集中式污水处理技术

半集中式处理系统是由德国学者和同济大学课题组在 ECOSAN 理念下共同提出的一种新型供排水及污染治理模式。结合农村生活污水面广、分散、来源多等特征，半集中式农村生活污水处理是在农村地区建立水循环利用和固体废物处理的综合处理系统，主要实现水的分质供应与排放、污水处理和回用、固体废物处理和资源化综合利用，即在一定区域内实现“能源消耗、污染排放、废物资源化利用”的最优化。目前关于此类技术没有实际应用案例，从一些中试研究来看，该技术处理水质效果好，但工艺复杂、建设和运行成本高，在农村生活污水处理领域的推广面临一定的挑战。

（三）分散式污水处理技术

分散处理模式是把一个较大的区域分为若干个较小的单元，每个单元为一个独立的系统，并单独布置管网系统，建设污水处理设施，互不交错，以实现最大的经济与环境效益。该模式适用于布局散、规模较小、地形条件复杂和污水不易收集的地区。但是，分散式处理系统的有效性存在于能够确保设施定期检查和维护的管理制度下。分散式污水处理模式优点是占地面积小、成本低、易维护、使用寿命长，缺点是统一管理难度大、受环境条件影响、大部分设施无法去除新型污染物（如抗生素、农药和类固醇激素等）、稳定性差、可能引发健康风险。

分散式污水处理技术在世界各农村地区使用广泛。目前，分散式污水处理技术的种类繁多，主要包括化粪池、沼气池等厌氧消化型技术和多级土壤分层系统、人工湿地、土地处理（曝气塘、OWTS）、菲尔托、人工湿地+土地处理、蚯蚓+生物滤池等自然生态型技术。

1. 厌氧消化型技术

在农村污水处理技术中，化粪池或厌氧消化池常作为处理工艺被广泛应用，预处理单元将农村家庭产生的生活污水、粪便等先进行厌氧消化，降低悬浮物浓度及有机物负荷，从而提高后续处理工艺的处理效率。通常将化粪池/厌氧消化池用于预处理的工艺有人工湿地和土地处理，如美国广泛使用的化粪池+土地吸附（SAS）处理技术等。除了提高处理效率，将化粪池/厌氧消化池用于预处理还可降低主要处理单元发生堵塞等问题的可能性。

沼气池或厌氧消化池是普遍应用于发展中国家的农村地区的污水处理装置，是目前最适用于农村社会、经济和环境条件的污水处理技术。虽然沼气池、化粪池等厌氧消化池可以作为有效的污水预处理手段，但在经济发展水平欠佳的广大农村地区，沼气池和化粪池常常作为主要的农村生活污水处理技术。部分农村地区将沼气池或厌氧消化池处理后的污水用于农业灌溉，实现了污水的资源化利用，但由于经沼气池或厌氧消化池处理后的黑水仍然有较高浓度的污染物，且可能含有新型微量有机物、重金属、病原微生物等污染物质，因此仍存在较大的人体健康风险和环境风险。为了降低农村生活污水的健康与环境风险，人们在化粪池、沼气池或厌氧消化池的基础上，加入了后续处理工艺，后续处理工艺通常为土地处理技术，如人工湿地、稳定塘、兼性塘等。

农村生活污水无论是水质还是水量，都具有较大的波动性。预处理技术作为农村生活污水的前处理工艺，在提高主要工艺处理效率方面具有重要作用。目前，化粪池和沼气池是农村生活污水处理工艺中适用广泛的两种预处理工艺。除此之外，间歇式砂滤器也作为一种前端预处理工序，常与土地处理系统结合使用或对生活污水进行再利用之前对化粪池出水（STE）做进一步预处理。与直接分散 STE 相比，间歇式砂滤器（ISF）处理方法在土地处理前进行预处理具有多个优点，包括提高土壤扩散系统的可靠性和增强土壤对有机微污染物进行好氧降解的能力。

（1）沼气池/化粪池

沼气池/化粪池是一种简易的厌氧处理技术，是中国农村地区使用最广泛的污水处理方法。作为一种无动力、低造价、低运行管理成本的处理技术，该技术与传统技术相比，工艺简单、维护方便。但该技术也存在一定的局限性，如营养去除效率低，出水水质不稳定，需要后续处理工艺对污水进行进一步处理后排放。沼气池/化粪池与人工湿地、氧化塘等土地处理技术的结合既可以实现污染物的高效去除，又可以回收能源。在严格的厌氧条件下，生活污水中的有机物质可以有效得到分解，而污水中的氮和磷等营养物质在人工湿地或氧化塘等土地处理技术环节可以被高效去除。沼气池与人工湿地相结合的技术在印度尼西亚和南非都有广泛的使用。在印度尼西亚，该技术服务的农村人口数量甚至超过了集中式污水处理设施服务的人口数量。中国是世界上使用沼气最广泛的国家，沼气在中国的使用有着悠久的历史，13 世纪的冒险家马可·波罗（Marco Polo）认为，有盖的污水池可能早在2000~3000 年前就已经被中国使用。沼气池生活污水处理项目被认为是在中国农村地区极具发展前景的污水处理技术之一。调查显示，中国 97%的农村都使用了化粪池/沼气池，但次级工艺的使用却很少，只有不到 30%的农村地区使用了氧化塘、生物膜、人工湿地或其他土地处理等后续处理工艺。

化粪池和沼气池为典型的厌氧处理技术，二者由于处理目的的不同被区分开来，但从原理上来说，化粪池和沼气池都可将污染物减量化与无害化。化粪池是利用沉淀和厌氧微生物发酵的原理，去除粪便或污水中的悬浮物（SS）、部分有机物和病原微生物。沼气池是通过微生物厌氧发酵和兼性生物过滤二者相结合的处理模式，将农村生活污水的处理产物资源化。

沼气池通过厌氧和兼性厌氧微生物的分解作用，将有机物转化为甲烷、二氧化碳、水和沼渣。人畜粪便和秸秆等物质被转化为沼气能源和沼肥，实现了净化污水的同时将污水资源化利用。沼气池结构简单、投资费用少、不耗电、可有效利用沼气，但出水水质较差，需要定期清掏，且农药、洗涤剂等对其处理效果影响较大。目前，沼气池技术在我国农村被有效推广和使用，可以说沼气池是我国农村地区应用极为广泛的分散式污水处理技术之一。但是，一般单独的厌氧污水处理技术处理效果有限，氨氮去除效率很低，出水不能直接排入水体，污水必须经过后续单元处理达到排放标准才能进行排放。

（2）厌氧消化池

厌氧消化池和人工湿地均是能源输入小、运营成本低且污泥产生量低的处理系统，非常适用于农村地区。将人工湿地系统与厌氧消化池结合可以达到更好的处理效果，而且厌氧预处理环节对总悬浮固体（TSS）的高效去除有助于防止人工湿地堵塞。与传统的人工湿地处理工艺相比，采用厌氧预处理的人工湿地系统具有更高的有机负荷和较低的悬浮固体负荷，营养物质的去除率也更高。在适宜温度下，厌氧技术能有效处理低浓度的废水，如生活污水和一些工业废水，但该技术受环境条件影响较大，在寒冷地区，厌氧消化池对 COD 和五日生化需氧量（BOD_5）的去除效率要低于热带地区，悬浮固体去除率不受温度影响。

2. 自然生态型技术

自然生态型技术主要利用土壤的高净化能力来吸附、降解、转化水体中的污染物质。其高效降解能力源于其与环境有关的特征，如发达的孔隙系统，需氧-厌氧和亲水-疏水条件的共存，以及可作为各种微生物的栖息地的天然条件。但是，以上基于土壤的天然废水处理系统具有一定的局限性，其中，堵塞是主要问题。此外，尽管土壤具有高净化能力，但土壤废水处理系统的功能在很大程度上取决于相应土壤类型的特性。因此，相同的处理技术在不同的环境条件下，处理效率不一定相同。自然生态型污水处理工艺主要有以下几种：

（1）多级土壤分层（MSL）系统

农村地区的生活污水如果处理不善，直接排入水中，往往会对区域环境、自然资源和人类健康造成负面影响。人工湿地、化粪池和稳定塘等多项技术已被应用于农村生活污水处理，但是，技术选取不恰当会导致各种问题，包括低温下性能较差、设施占用空间大和污染物去除效率低等。于是，人们提出了一种多级土壤分层系统来解决这些问题。

MSL 系统通常由沸石夹层交替的土壤混合结构形成的砖状层状结构组成。MSL 系统可以分为两个区域，即需氧区和厌氧区。有氧条件发生在具有高比例的粗大孔隙空间的沸石夹层中。厌氧条件则来自具有高吸附能力的土壤混合物被废水填充饱和而产生的厌氧环境。MSL 系统净化废水的效率主要取决于 MSL 系统内有氧条件和厌氧条件的相对分布。有氧条件增强了硝化作用，有机物分解，亚铁氧化为三价铁，促进磷的吸收。硝化过程中的硝酸盐在土壤混合物的厌氧区被反硝化为一氧化二氮和氮气。但是，当不充气而连续使用 MSL 系统时，厌氧条件占主导地位。强烈的厌氧条件会降低 MSL 系统去除有机物、氮和磷的效率。

MSL 系统已在日本、美国、印度尼西亚、泰国、摩洛哥、中国大陆与中国台湾等国家和地区使用，运行稳定且显示出很高的处理效率。与传统技术相比，MSL 系统成本低、占地面积小、堵塞风险小、环境友好、氮磷去除效果好、受环境影响小、使用寿命长、操作方式灵活。但是，MSL 系统难以处理碳氮比低的生活污水，而农村地区的污水往往具有碳氮比较低的特点。

（2）人工湿地

人工湿地处理技术是一项有效且成本较低的农村生活污水处理技术。该技术主要利用与湿地植被、土壤和微生物群落有关的自然过程来处理废水。20 世纪 50 年代初，德国 Max Planck 研究所进行了第一个利用湿地植物进行废水处理的实验。后来该实验室还开展了多项实验来探究湿地植物对各种类型废水的处理效果，包括苯酚废水、乳制品废水、牲畜废水。人工湿地也可作为一种独立工艺单独使用，单独使用时，在人工湿地之前一般都会有 2 个或 3 个预处理工艺对污水进行预处理，如化粪池。此外，厌氧预处理也可以作为人工湿地系统处理农村生活污水的预处理工艺。与传统的人工湿地处理工艺相比，采用厌氧预处理的人工湿地系统具有更高的有机负荷和较低的悬浮固体负荷，同时营养物质的去除率更高。将人工湿地系统与厌氧消化池结合可以达到更好的处理效率，而且厌氧预处理环节可去除污水中的 TSS，有助于防止人工湿地的堵塞。人工湿地系统常被用作二级甚至三级处理，最常见的组合方式为水平流+垂直流系统（VF+HF）。1967 年，荷兰建造了第一个具有自由水面（FWS）的人工湿地。但是，FWS-CW 在欧洲并未得到推广应用，潜流人工湿地于 20 世纪 80 年代和 90 年代在欧洲盛行。

在北美，表流人工湿地始于 20 世纪六七十年代的自然湿地污水处理生态工程。这种处理技术不仅被用于处理市政废水，还用于处理其他各种废水。潜流人工湿地技术在北美的传播速度较慢，但仍有数千种此类工艺在北美运行。目前，除了上述国家，人工湿地还在欧洲、亚洲，甚至是气候炎热的非洲一些国家被广泛使用。在一些气候炎热的国家，污水处理面临的主要问题是高蒸散量。与普通的池塘或曝气塘相比，人工湿地的蒸散速率更高，但在大多数污水处理系统中，人工湿地的水力停留时间最短。因此，只要通过特定设计和配置，就可以将水损失降至最低。

不同类型人工湿地的组合可以获得不同的处理效果，尤其是对氮元素的去除。实验研究显示，单级人工湿地由于无法同时提供有氧和厌氧条件而无法实现较高的总氮去除率。垂直流人工湿地可有效去除氨氮，但反硝化（去除 TN）作用有限。水平流人工湿地为反硝化作用提供了良好条件，但是硝化氨（去除 NH_3-N）的能力非常有限。因此，各种类型的人工湿地可以相互结合，以利用各个系统的特殊优势去除水体中的氮。对于磷的去除，除使用具有高吸附能力的特殊材料的人工湿地外，大部分类型的人工湿地中磷的去除率都很低。此外，有研究显示，复合人工湿地能有效去除污水中的类固醇激素和杀虫剂等新型污染物。人工湿地系统（CWS）还被用于处理农场废水。研究表明，CWS 可以有效去除有机化合物、病原体和乳品废水中的激素。向人工湿地中加入沸石可以进一步去除氮和磷，提升出水水质。

人工湿地是由人工建造和控制的土壤、植物、微生物和动物联合协作进行污染物去除的一种生态处理系统。该处理技术主要利用土壤、人工介质、植物和微生物的功能，使污水通过吸附、过滤、截留、氧化还原和植物吸收等过程得到净化。该技术早期在欧美一些国家应用较多，主要用于处理小城镇或社区的生活污水。

按污水在湿地中的流动方式，人工湿地系统可分为表流人工湿地和潜流人工湿地。表流人工湿地系统和自然湿地类似，污水流经湿地表面，污染物的去除依靠植物根茎的拦截作用以及根茎上生成的生物膜的降解作用，该类湿地占地面积较大、水力负荷较小。潜流人工湿地系统是在表流人工湿地系统基础上提出的，污水通过配水系统均匀地进入填料床植物的根区，在湿地床的内部流动。该类湿地不易产生恶臭和滋生蚊蝇，在当前污水处理中应用较多。潜流人工湿地又分为水平潜流人工湿地和垂直潜流人工湿地两种类型，前者的脱氮除磷效果不及后者，但在处理含氨氮浓度高的污水中后者更具优势。

人工湿地具有一定的污水净化能力，其对 COD、BOD_5、TN 和 TP 的去除率分别可达80%、85%~95%、40%~50%和80%~85%。微生物的硝化、反硝化作用是人工湿地脱氮的主要途径，占到TN去除量的40%以上，而由植物吸收去除的TN占比不大。介质吸附和沉淀作用是除磷的主要途径。

近年来，国内学者对湿地污水处理原理与设计参数进行了大量的研究，湿地系统人均建设费用为250~300元，仅为传统工艺建设投资的1/3，运行成本主要为提升水泵所消耗的电费，为0.05~0.1元/吨。低廉的经济投入兼具良好的去除效果，使人工湿地污水处理技术成为适合我国国情的污水生态处理技术，且在近年来迅速发展。

人工湿地具有结构简单、投资少、易于维护和运行费低等特点，适用于地势较为平坦和居住相对集中的中、小村庄，且在建设过程中可充分利用当地池塘、湿地等资源，从而减少建设投入。人工湿地处理系统形成了独特的生态效应，在保护环境的同时也可美化局部区域景观，实现改善农村人居环境的目的。但人工湿地技术也受限于占地面积、光照、温度和水力负荷等条件，需因地制宜加以利用。

（3）稳定塘

除人工湿地以外，稳定塘、曝气塘等土地利用技术也被广泛应用于农村生活污水处理。稳定塘被广泛应用于中美洲国家。美国和欧洲农村社区也常用曝气塘处理生活污水。

目前，美国有超过8000多个污水处理曝气塘，占美国所有污水处理设施的50%以上。采用曝气塘处理生活污水的人口数量占美国总人口的19.3%。基于曝气塘、沼气池和土地渗滤的OWTS系统（主要为SAS系统）是美国使用最广泛的农村生活污水处理技术。典型的曝气塘在氧气和微生物的作用下，通过物理、化学和生物过程去除废水中的各种污染物。这种处理技术通常包含至少一个人工曝气塘，有时还包含一些串联或并联的其他曝气塘。澳大利亚也采用这种分散处理系统来处理没有管道分布地区的生活污水，澳大利亚20%的生活污水通过现场分散处理系统收集和处理，其中最主要的工艺为SAS。

稳定塘是一种利用环境天然净化能力的生物处理构筑物的总称，通常是一些适宜的自然池塘，或经人工改造、修建的自然池塘。稳定塘有多种类型，按照塘的使用功能、塘内生物种类和供氧途径等进行分类，一般可分为好氧塘、兼性塘、厌氧塘、曝气塘和生态塘。

好氧塘的深度较浅，一般在0.5m左右，阳光能直接照射到塘底。塘内有许多藻类生长，释放出大量氧气，再加上大气的自然充氧作用，好氧塘的全部塘水都含有溶解氧。兼性塘同时具有好氧区、缺氧区和厌氧区。它的深度比好氧塘深，通常在1.2~1.5m。厌氧塘的深度相比兼性塘更大，一般在2.0m以上，塘内一般不种植植物，也不存在供氧的藻类，全部塘水都处于厌氧状态，主要由厌氧微生物起净化作用，多用于高浓度污水的厌氧分解。曝气塘的设计深度多在2.0m以上，但与厌氧塘不同，曝气塘采用了机械装置曝气，使塘水有充足的氧气，主要由好氧微生物起净化作用。曝气塘由于有高浓度的氧气，反应速率较快，污水所需的停留时间较短，可用于净化污染物浓度较高的污水。生态塘（深度处理塘）适用于对污染物浓度低的进水深度处理，塘中可种植芦苇、茭白等水生植物，以提高污水处理能力。

稳定塘主要原理为，塘中的异养型细菌将水中的有机污染物降解成CO_2和H_2O，消耗溶解氧（DO），塘内藻类利用光合作用补充塘内DO的含量。为提高处理效率，可在塘内设充氧装置，形成曝气稳定塘。为实现资源化利用，稳定塘还可种植经济植物、放养水生动物，即综合处理塘。

稳定塘结构简单、易于维护、基建费用低，人均建设费用为150~250

元，为传统二级活性污泥法的1/4，无设备运行费用，且污水流经稳定塘后各污染指标（包括微生物指标）均可明显下降，出水水质较好。但在污水进入前须进行预处理，占地面积大，处理效果受季节影响，塘中水体污染物浓度过高时会产生臭气和滋生蚊虫等。

稳定塘适用于有闲置的水塘、沟渠的农村地区，通过布置水生植物可控制藻类的生长，同时实现环境的美化，有利于新农村建设，出水也可用于农田灌溉、环境绿化等。稳定塘技术多用于南方，在北方也有应用，但基建投资与运行费用高于南方，且由于氧化塘受温度影响较大，北方地区稳定塘冬季须做好保温措施。在环境要求较高、经济条件较好的地区可在氧化塘前加AO、A^2O或SBR处理工艺。

（4）土地处理技术

基于土地利用的分散式现场污水处理技术（OWTS）适用于人口密度低、地理条件复杂的区域。在这些地区，此类技术比集中式系统具有更高的成本效益。SAS对环境影响的不可预测性、处理效率波动性及其较高的失效风险使得SAS饱受争议。与市政污水处理厂相比，曝气塘处理系统通常很难去除营养组分。这些系统的出水直接排入受纳水体时，会增加受纳水体的营养负荷。此外，曝气塘出水还可能含有重金属、病原体和有机污染物等污染物质。将这些出水直接用于土地利用存在潜在风险。分散或现场处理系统还被认为是流入地表水和地下水中的氮元素的主要来源。失效的现场处理系统（大多为化粪池+土地吸附）成为水源污染的第二大因素。基于土地处理技术的现场处理系统的有效性需要依靠完善的运行、维护和管理体制。

（5）菲尔托技术

菲尔托（FILTER）处理工艺是一种起源于澳大利亚的农村污水处理技

术，由澳大利亚科学和工业研究组织提出，该技术的目的是利用污水进行农作物灌溉。污水通过土地处理后，进入地下暗管，然后被汇集和排出。该系统一方面可以满足农作物对水分和养分的要求，另一方面可降低污水中的氮、磷等元素的含量，使之达到污水排放标准。其特点是过滤后的污水都汇集到地下暗管排水系统中，设有水泵，可以控制排水暗管以上的地下水位以及处理后污水的排出量。该工艺投资少、无须动力设施，对生活污水的处理效果好，能有效去除氮、磷，比较适合土地丰富的农村地区。

（6）蚯蚓+生物滤池

法国的蚯蚓+生物滤池是2000年由法国和智利研究开发的一种生态污水处理技术，该技术主要利用蚯蚓自身对有机物的强分解能力、蚯蚓粪便促进微生物生长以及蚯蚓活动制造好氧环境等作用实现污染物降解，从而提高生物滤池的处理效率。该工艺的特点是运行管理简单、能耗低、耐冲击负荷能力强、污泥产量低、不易堵塞且污水处理效果好，但蚯蚓易受低温的影响。该技术在澳大利亚、韩国、美国及我国江苏省均有应用。

（7）土壤渗滤法

土壤渗滤法也叫土壤含水层处理，该类技术包括慢速渗滤、快速渗滤、地下渗滤等。慢速渗滤是土壤渗滤污水技术中应用最广泛的一种类型，它具有易管理、经济效益显著的优点。快速渗滤处理系统具有较高的水力负荷，对生活污水具有较好的净化效果。地下渗滤处理系统是自然原始的污水处理方法，通过对污水合理投配，充分利用存在于地表以下土壤中的各种植物根系、微生物和土壤本身所具有的过滤分解等物化特性，从而达到将生活污水处理净化的目的，其中土壤理化性能决定污水处理效果的优劣。标准地下土壤渗滤系统是在地表种植野牛草、早熟禾、马尼拉等植物，在距地表约30cm处安放布水管，布水管周围填满砾石，砾石层下方铺设20cm砂层，污水流经砾石层与砂层后，在毛细管作用下缓慢向四周土壤扩散。在好氧与厌氧交替状态下，大多数有机物被吸附、过滤、降解。

该类工艺具有投资少、运行费用低、易维护管理等优点，但需进行预处理，否则可能出现堵塞现象，适合土质通透性能高、土地面积相对广阔、农户分布散、人口少、经济较落后地区的农村生活污水处理。研究表明，在我国较为干旱低温的北方地区，利用地下土壤渗滤法处理生活污水可行，污染物降解效率不会降低，出水可以作为中水进行回用。但由于地下渗滤和慢速渗滤处理工艺负荷低，水力停留时间长，污水处理量小，使用周期短，不适合规模村庄、乡镇，只适合分散的几户或十几户人家采用。

二、农村生活污水处理主要装备

（一）典型发达国家发展状况

1. 美国

美国农村早在20世纪50年代就开展了分散式污水处理系统的实践，目前已经形成了比较完善的农村生活污水治理体系。目前，美国25%的居民采用了分散式污水处理系统处理家庭生活污水，处理总量占全国废水总量的10%。分散式污水处理系统对美国农村水污染治理和水环境质量改善发挥了重要作用。

美国农村生活污水治理并不是一帆风顺的。1972年，美国国家环保局颁布的《联邦水污染控制法案》对水质的苛刻要求使其在全国范围内引起了轩然大波，20世纪70年代，按照其要求建立的三级处理设施因价格昂贵而普遍闲置。《清洁水法》的发布是美国农村生活污水治理的一个转折点。分散处理技术作为“革新/替代技术”被写进《清洁水法》，用于降低污水处理成本。同时，该法通过排放标准对农村生活污水处理设施进行监控、采用国家污染物排放消除制度。对排入地表水的农村水处理设施实行排污许可证制度，使用最佳管理实践对水质受损流域内的农村面源污染进行控制，采用最大日负荷总量计划对水质受损流域的所有农村污染源（点源和面源）制定排放限值，实行总量控制。

20 世纪 90 年代，美国再次爆发农村污水处理危机，出现了严重的地下水污染事件，曾经被写进《清洁水法》的分散式污水处理系统因建设不足，在 1998 年被美国国家环保局列为第二大水污染源，造成此次事件最主要的原因是不合理的操作和管理的缺失。为此，美国制定了分散式污水处理系统的管理条例来加强污水处理的监管。业主自主模式、维护合同模式、运行许可模式、集中运行模式和集中运营模式五种管理模式在这样的背景下被提出来。这五项制度的管理强度随着处理系统的复杂性和对环境敏感程度逐渐加强，这一针对不同地域不同污水系统的分级管理模式避免了管理“一刀切”，极大地降低了管理成本，提高了管理效率。与此同时，美国建立了在线信息管理系统，对全国分散式污水处理系统的基本信息和每月检测水质进行了系统管理并对外开放。

2. 韩国

韩国政府作为投资的主体在农村水污染控制中发挥着主导作用，主要通过颁布相应的计划、规定和技术标准进行规范的建设。韩国政府于 20 世纪 70 年代开始组织实施新农村建设与发展运动（以下简称“新村运动”），在经济、社会均衡发展和人与自然协调发展方面取得了显著的成效。其中“新村运动”第一阶段的主要内容就是农村基础设施建设。韩国政府针对农村所在地水环境保护的重要程度，将新建农村排水系统的顺序标准划分为5个等级，将改造已有农村下水道的顺序标准划分为8个等级，并据此制订相应的建设计划。同时，政府还将污水处理设施的建设和维护作为第一章节内容写进了《污水处理法》。然而，由于管理人员的缺乏，设施的运行和管理问题一直是韩国农村生活污水治理工作的难点。

3. 日本

20世纪60年代，日本水环境污染事件频发促进了日本政府加强集中和分散污水处理的实施力度。净化槽技术是日本使用最广泛的分散式污水处理技术。为规范净化槽的设计和建设，日本建设省先后颁布了《净化槽使用人员计算方法》和《净化槽构造标准》，为了加强对分散式污水处理设施的运行管理，后续又颁布了《净化槽法》。这些法律、规定的颁布，为日本农村生活污水设施的长时间有效运营和管理奠定了基础。

当前，日本分散式污水处理主要有两种模式：一种是粪便处理系统，另一种是废水处理系统。2000年以前，家庭分散式污水处理系统只处理黑水，灰水会直接排放，成为水环境污染的主要来源，这类处理系统目前仍有3000万~5000万人使用，2001年以后，政府立法规定新建设施需要将灰水纳入处理范围。

由于日本在膜处理技术领域发展较好，当前家庭式污水处理系统中，也包含了许多膜处理工艺，但主要用于人口密度高、土地资源少，有一定经济承受能力的小型城镇地区。此外，相比世界上其他国家多将回用污水用于农业，在日本，回收水主要用于冲厕。因此，日本的家庭式污水处理系统对粪便和尿液有明确的分离系统，并分开运输。

（二）我国农村生活污水处理装备应用模式

我国农村生活污水排放分散，水质、水量波动巨大，排水管网铺设难度大，当前城市污水厂所使用的处理工艺和模式不完全适用于农村生活污水的处理，因此需要研究和总结真正适合农村生活污水特点的处理技术。以下几种污水处理模式，在目前农村生活污水处理中应用较为广泛。

1. 集中处理应用模式

集中处理应用模式是指将特定区域内所有农户产生的污水集中收集，统一建设污水处理设施，通常以村为单位进行建设。北方地势较平坦，南方山地较多，可根据项目的具体情况设置一个或多个污水处理设施。2009 年，我国曾提出“农村污水连片整治”模式，连片村庄整治有以下三种形式：

（1）对地域空间相连的多个村庄，通过采取措施实施综合治理。

（2）围绕同类环境问题或相同环境敏感目标，对地域上互不相连的多个村庄进行同步治理。

（3）通过建设集中的大型污染防治设施，解决周边村庄的环境问题。该处理模式与污水处理站类似，通常采用自然处理、常规生物处理、生物与生态组合处理等工艺形式。

2. 分散处理应用模式

将污水分区进行收集，单独处理，通常采用小型污水处理设备或自然处理等形式。大部分分散模式处理水在 10~200 m^3/d，适用于 30~600 户或 100~2000 人的污水排放规模。使用较多的工艺包括人工湿地、氧化塘、土壤渗滤系统等，这类技术的优点是工艺简单、投资少、低能耗、维护简便等，缺点是处理效率较低。采用分散处理模式的地区大多人口密度较小、地形条件复杂、污水不易集中收集。

3. 庭院式处理应用模式

该模式主要是针对单独的住户，处理水多数少于 $1m^3/d$，适用于 1~2 户或少于 10 人的污水排放规模，常采用的技术包括化粪池和净化槽等。

4. 接入市政管网统一处理应用模式

当村庄邻近城镇或新建工业园区，管网建设比较完善时，可采用接入市政管网统一处理模式，利用城镇污水处理厂集中处理村庄污水。该方法具有污水处理效果好、处理技术娴熟、排水水质好等优点。

三、农村生活污水处理工艺分析

本书基于中国知网、万方、维普和 Web of Science 数据库，对南北方农村生活污水处理工程进行了搜索收集，案例来源为各类国内文献涉及的工程案例。收集案例过程中，以“农村污水”“北方”和“南方”等关键字进行搜索，保证所收集的案例在工艺、规模和处理标准等参数方面具有随机性，且样本数量较大，可保证统计结果具有一定的代表性。

南北方省份划分以住房和城乡建设部组织编制的农村生活污水处理技术指南中划分方法为准，东北、华北和西北地区省份为北方，东南、中南、西南地区省份为南方。收集过程中，从样本数量来看，南方样本量大于北方样本量，由此可推断我国南方地区农村生活污水处理工程的案例数量和发展情况均略优于北方地区。

（一）南方农村生活污水处理工艺分析

1. 工程案例整体情况

南方地区大部分属于亚热带季风气候和季风性湿润气候，气候相对炎热，水系发达。农村居住方式以群落式为主，数量多，规模小，居住分散，居民用水量较大，产生的生活污水具有分散、成分简单及水量变化大等特点。本书对南方地区各省份农村生活污水处理工程现状进行了收集整理，旨在对南方农村生活污水处理工艺及标准选择情况等进行统计分析，从而得出当前阶段在南方地区应用最广泛的工艺类型，并结合其他统计指标分析总结原因及发展趋势，以期为我国南方地区农村生活污水处理状况的深入了解提供依据。

本书针对我国南方大部分省市农村生活污水处理进行了工程案例信息收集，工程地涉及我国南方 11 个省（贵州、云南、广东、湖南、江西、浙江、江苏、四川、湖北、安徽、河南）、两个直辖市（上海市和重庆市）和一个少数民族自治区（广西壮族自治区），包括样本案例共 99 例，主要收集数据为处理工艺方法、水质标准、设计规模、运行费用等。

调查发现，浙江省和江苏省一带的农村生活污水处理案例及研究数量明显较多，且选用工艺技术相对较为先进，针对其展开的研究也较为丰富。尤其是太湖周边，各种针对农村污水处理展开的处理案例及实验试点案例数量较多，大量的污水处理工程为江浙地区农村污水的处理覆盖程度和处理模式发展做出了较大贡献。究其原因，国家对太湖的大规模治理始于 1991 年，截至 2006 年水污染治理已累计投入资金 120 多亿元，重点城镇污水处理率有所提高。但 2007 年 5 月，太湖蓝藻大规模暴发，表明太湖水质恶化趋势并没有得到抑制。农村生活污水由于收集率、处理率低，污水处理主要依赖水体自净能力，当环境容量被耗尽而丧失处理能力后，量大面广的农村生活污水成为加速太湖富营养化的主要原因之一。2002—2004 年，无锡某镇河网面源污染控制示范区调查显示，农村生活污水对太湖污染的贡献率中磷占比为 34%，氮占比为 25%，数量惊人。这直接导致近年来太湖周边地区对于农村污水的处理力度加大，因此太湖周边建设了大量农村污水处理示范性工程，从而数据库中太湖周边农村生活污水处理研究案例较多，受到的关注也较为普遍。另外，南方地区江浙一带经济发展情况较好，资金较为充足，村镇污水处理理念较强，这也是江浙一带农村生活污水处理案例数量较多的原因之一。

2. 运行规模及成本费用

从表 4-1 可知，南方农村应用的分散式污水处理工程的设计规模多为 0~800m^3/d，且大部分为规模较小的分散式处理模式。设计规模在 20m^3/d 以下的占到全部污水处理设施的 34.52%。不同于城镇污水的集中式污水厂处理方式，由于农村生活污水具有排放点分散、排水管网不健全等特点，分散式或庭院式的小规模处理方式是农村生活污水处理的主要模式。

表 4-1 南方地区农村污水处理规模及运行费用

规模（m^3/d）	数量（座）	占比（%）	运行费用（元/m^3）	数量（座）	占比（%）
0~20	29	34.52	0~0.1	10	25.00
20~50	23	27.38	0.1~0.2	13	32.50
50~100	16	19.05	0.2~0.6	12	30.00
100~800	11	13.10	>0.6	5	12.50
>800	5	5.95	—	—	—
合计	84	100.00	合计	40	100.00

大部分污水处理站运行成本费用在 0.6 元/m^3 以下，其中净化槽技术运行成本较高。相较于城镇处理工艺，我国南方农村倾向于选择运行成本较低的工艺方法，其中运行费用在 0.1~0.2 元/m^3 的案例占到全部案例的 32.50%，近六成的污水处理站运行成本在 0.2 元/m^3 以下。城镇与农村经济水平和理念存在一定差异，农村污水处理运行成本低，这也是导致在工艺的选择方面，农村污水处理与城镇污水处理存在较大差异的原因之一。

3. 污水处理达标情况

如表 4-2 所示，南方污水处理案例中，有 45.74%的处理案例可达到《城镇污水处理厂污染物排放标准》（GB 18918—2002）中一级 B 标准所要求的排放水质，约 10.64%的案例选择略宽松于 GB 18918—2002 一级 B 标准的 GB 8978—1996 一级标准作为排放限值并达到标准，达到该标准的出水总体处理效果良好。13.83%的案例将污水处理出水资源化利用回灌农田，因此选用了各项污染物限值都较为宽松的《农田灌溉水质标准》(GB 5084—2005)作为排放标准并达到标准。另外，由于近年来许多地区相继发布地方性农村生活污水处理排放标准，也有少量（3.19%）新建的案例选择达到当地地方标准后排放，大部分工程案例仍未实现向针对农村生活污水设置的处理标准的转变，依旧选用国家污水排放和城镇污水处理厂的标准。有个别案例由于当地经济条件和水控制污染要求使用一级强化处理工艺，出水仅达到 GB 18918—2002 的三级标准，甚至有个别未达到标准限值，这些污水处理出水显然不利于环境保护与发展。

表 4-2 南方地区农村污水处理标准

水质标准	数量（座）	占比（%）
《城镇污水处理厂污染物排放标准》（GB 18918—2002）一级 A 标准	16	17.02
《城镇污水处理厂污染物排放标准》（GB 18918—2002）一级 B 标准	43	45.74
《城镇污水处理厂污染物排放标准》（GB 18918—2002）二级标准	4	4.26
《城镇污水处理厂污染物排放标准》（GB 18918—2002）三级标准	1	1.06
《农田灌溉水质标准》（GB 5084—2005）	13	13.83
《污水综合排放标准》（GB 8978—1996）一级标准	10	10.64
各地地方标准	3	3.19
未达标	3	3.19
其他	1	1.06

（二）北方农村生活污水处理工艺分析

1. 工程案例整体情况

与南方相比，北方农村规模普遍较大、居住相对集中，地区气候干燥，农村居民生活用水量偏少，且北方农村的水循环利用方式较多，因而北方农村生活污水量小而浓度高。另外，北方地区平均气温较低，冬季温度多在零度冰点以下，因此北方农村选择生活污水处理技术时需考虑当地条件，使工艺适应苛刻的气候。本书针对我国北方53个农村污水处理建设情况进行了信息收集，工程地涉及我国北方8个省（黑龙江、辽宁、山西、河北、山东、陕西、甘肃、青海）、2个直辖市（北京市和天津市）和2个少数民族自治区（新疆维吾尔自治区和宁夏回族自治区），主要收集数据为处理工艺方法、水质标准、设计规模、运行费用等。

2. 运行规模及成本费用

表4-3 北方地区农村污水处理规模及运行费用

规模（m^3/d）	数量（座）	占比（%）	运行费用（元/吨）	数量（座）	占比（%）
0~20	7	16.67	0~0.1	8	30.77
20~50	1	2.38	0.1~0.2	2	7.69
50~100	3	7.14	0.2~0.6	12	46.15
100~800	26	61.90	>0.6	4	15.38
>800	5	11.90	—	—	—
合计	42	100.00	合计	26	100.00

调研发现，我国北方地区规模在0~20m^3/d和20~50m^3/d的工程分别为7例和1例，而规模为100~800m^3/d的工程占比超过一半，达到了61.90%，规模800m^3/d以上的工程占11.90%。由此可见，北方地区农村人口居住相对集中，且由于气候和生活习惯问题，污水排放量相对较少而浓度较高，需要采取出水水质较好且较为稳定的处理工艺，因此许多北方农村生活污水处理案例以集中式处理为主要模式，污水处理工程规模较大。

从运行费用来看，数量占比最大的为运行费用在0.2~0.6元/吨的工程，其数量占全部案例数的46.15%，可见北方地区运行费用相对较高，接近城镇污水处理厂水平，这与北方农村生活污水处理的工艺选择和规模选择有一定的关系。运行费用在 0~0.1 元/吨、0.1~0.2 元/吨和高于 0.6 元/吨的案例占比分别为 30.77%、7.69%和 15.38%（见表 4-3）。总体来看，北方污水处理工程运行费用普遍偏高。在运行费用超过 0.6 元/吨的案例中，部分案例由于设计规模过小、人工维护费较高导致运行费用过高，可适当考虑污水处理的需求与经济投入间的平衡。另外，在个别环节投入不必要的过多能源，均会导致运行费用虚高。

3. 污水处理达标情况

如表 4-4 所示，我国北方地区 31.37%的农村污水处理案例可达到《城镇污水处理厂污染物排放标准》（GB 18918—2002）一级 B 标准的水质标准，9.80%的出水水质可达到一级 A 标准。有 7.84%的案例出水水质达到《污水综合排放标准》（GB 8978—1996）二级标准，少量（5.88%）污水处理出水用于农田回灌，以《农田灌溉水质标准》（GB 5084—2005）为出水污染排放限制标准。有较多（19.61%）的工程案例出水水质仅达到 GB 18918—2002 的二级标准，该类出水只能排入 GB 3838 中规定的地表水Ⅳ、Ⅴ类功能水域或 GB 3097 中规定的海水三、四类功能海域。

表 4-4　北方地区农村污水处理标准

水质标准	数量（座）	占比（%）
《城镇污水处理厂污染物排放标准》（GB 18918—2002）一级 A 标准	5	9.80
《城镇污水处理厂污染物排放标准》（GB 18918—2002）一级 B 标准	16	31.37
《城镇污水处理厂污染物排放标准》（GB 18918—2002）二级标准	10	19.61
《农田灌溉水质标准》（GB 5084—2005）	3	5.88
《污水综合排放标准》（GB 8978—1996）二级标准	4	7.84
地方标准	8	15.69
其他水质标准	5	9.80
合计	51	100.00

值得一提的是，个别省份推出了地方标准，并且当地部分污水处理厂

以该地方标准为出水排放限制。该案例分别位于最早推出地方标准的宁夏回族自治区和政策执行较为严格的北京市，执行的分别为宁夏《农村生活污水排放标准》（DB 64/T700—2011）、北京市《水污染物排放标准》（DB 11/307—2005）和北京市《水污染物排放标准》（DB 11/307—2013）中不同级别标准限值。北京地方标准限值基本与国家标准持平或优于国家标准，调研中使用的宁夏地方标准限值宽松于国家标准。可见各地虽推出针对农村生活污水处理的地方标准，但地方标准限值水平参差不齐，这与各省经济条件及发展情况等因素有关。

从以上分析可知，我国北方农村生活污水处理出水大部分能够达到国家标准，但也有一部分出水标准较低，处理效果差的污水被直接排入受纳水体，可能造成一定程度上的水体水质问题，应予以重视，加大监管力度。

四、国内外发展经验主要启示

农村生活污水处理工艺的选择应根据农村自然环境、经济环境与人口规模等条件综合考虑确定，因地制宜，采取集中收集处理与分散处理相结合的策略，以投资运行经济性高、简单实用、管理方便、处理效率高等为污水处理工艺选取的主要原则。

（一）需要进一步扩大农村生活污水治理范围

我国农村生活污水的治理发展尚不完全，由于农村生活污水治理投入长期不足、农村生活污水收集系统不健全等，农村生活污水多数为原位排放，不可避免地对水体环境造成污染。农村生活污水直接排放或经简单的化粪池处理后直接还田，不仅造成了污水中营养物质的浪费，同时也会导致农村水体的污染。虽然“水十条”明确将农村生活污水治理列为重点项目，特别是乡村振兴战略实施以来，农村生活污水治理受到极大的关注，但农村生活污水治理政策仍不完善，行业依然处于推广阶段，农村生活污水处理的普及仍需进一步扩大范围。

（二）需要不断改进现有的污水处理工艺

农村生活污水主要为分散处理模式，而我国在分散污水治理技术方面缺乏相应的应用经验和技术积累，面对具有水量变化大、经济投入有限等特点的农村生活污水，正确合理地选择工艺类型和设计规模成为难点之一。近年来，国家对农村生活污水处理情况日益重视，农村生活污水处理设施建设较快，在建设过程中，应慎重选择工艺及建设方法。由于许多技术还不完善，可借鉴国外农村生活污水处理案例及经验，通过与实际结合不断地改善现有工艺，并充分利用当地已有资源完成高效处理，实现建设与运行的较高经济性。

（三）需要充分考虑技术模式的经济适用性

我国农村相比城市地区经济条件较差，许多现有农村处理设施面临“有钱建设，无钱运行”的窘境，一些已建设完成的农村生活污水处理设施被停用废弃。农村生活污水处理设施运行费用主要包括电费和人工费，但部分项目并没有固定的经济来源，基本都是由村委会垫付。一些农村由于出水需求选择使用 SBR、接触氧化、MBR 等工艺，运行过程中费用较高，给农村集体经济带来了较大的压力。由于运行费用不足，一部分工艺不能按照原设计运行，比如一些工艺并未建成投入使用，造成处理流程部分模块缺失，出水水质没有保证，需协调当地条件、水质要求与运行费用间的平衡，选择与当地条件相符的工艺类型，并且不断优化工艺方法，降低运行费用。因此，投资成本和运行成本是建设污水处理工程时需要考虑的重点问题，应尽量选择耗资少、使用寿命长、便于管护的技术。

（四）需要提高对设施的运行管护能力

许多农村生活污水处理设施建成后无固定专业人员管理，部分仅由村民兼职管理，但是农民缺乏污水处理的专业知识，仅能负责日常安全看护工作，对污水处理设施的专业系统维护工作无法胜任，导致农村生活污水运行管理出现问题无法解决。例如，部分案例中人工湿地中杂草丛生，湿地植物寥寥无几，达不到湿地应有的处理效果，导致出水无法达标且湿地所应具备的景观效应受到严重影响；有些污水处理设施中，格栅前垃圾大量淤积；也有案例表现为污水进水、出水不畅，堵塞现象比较严重。因此，在农村生活污水处理设施建设完成后，需要提高设施的运行管护能力。

（五）其他方面

当前，农村生活污水处理的出水监测过程还不够完善，常出现出水阶段性达标或数据不准等问题，监测方法的不科学容易导致出水排入水体对水体造成损害。在经济条件允许的地区，可借助“互联网+”技术对农村生活污水处理系统进行远程实时监控，并利用在线检测与数据实时传输技术，有效解决处理系统的运行管理问题。此外，需特别注意的是，当前人工湿地等生态方法在我国农村地区应用广泛，但在生态方法的利用过程中，如果不对其中的植物妥善处理，将会造成二次污染，应对此问题加以重视。湿地、沟塘内的运行也应严格控制水浮莲等植物的流失，防止其在附近水域的恶性繁殖，破坏生态系统平衡。

第五章

农村生活污水处理设施建设运行成本分析

农村生活污水处理设施的成本主要包括建设成本和运行成本。建设成本与处理工艺、出水标准、建设规模等直接相关，同时还受当地地质、气候、资源等自然条件，人工、材料、机械价格及施工的具体情况影响。运行成本由直接费用、制造费用及间接费用构成，直接费用包括能源费用、材料费用、直接人工及福利费等；制造费用包括维修费、原材料费、备品备件费等；间接费用指管理部门为组织和管理生产而发生的各种费用，包括行政管理部门各种管理费用、财务费用、设备折旧费及其他间接费用。

一、农村生活污水集中处理项目

通过文献资料和冬、夏两季现场调研阶段与污水处理设施负责人访谈，本书获取了效率较高的几类污水处理技术装备的经济成本数据，具体如表 5-1 所示。

表 5-1　主要工艺的建设成本和运营成本

工艺名称	处理规模（m^3/d）	建设成本（万元/吨）	运营成本（元/吨）
MBR	<50	1.5~1.79	2.5~4.39
	50~100	1.7	2.5~4.87

续表

工艺名称	处理规模（m^3/d）	建设成本（万元/吨）	运营成本（元/吨）
生物接触氧化	<50	1. 34~1. 55	2. 7~3. 3
	50~100	0. 97~1. 27	1. 29~2. 4
	>100	0. 36~0. 4	0. 4~0. 9
人工湿地	<50	1. 38~1. 58	0. 7~1
	50~100	0. 89	0. 47~1
AO	<50	1. 37~1. 5	—
	50~100	0. 6~0. 74	1. 13~1. 8
A^2O	>100	0. 87~1. 35	1~1. 3

由表 5-1 可知，MBR 工艺的建设成本和运营成本最高，其次为生物接触氧化，AO、A^2O、人工湿地建设成本和运营成本最低。

农村生活污水处理设施按照处理规模和收集情况不同，可分为集中式、分散式和庭院式。集中式污水处理项目主要包括大型污水处理厂（站）（常用的工艺包括活性污泥法、氧化沟法、生物接触氧化法、SBR 法和 MBR 法）和大型人工湿地。根据镇、乡、村人口分布的一般特征，结合目前我国农村地区已建成污水处理设施处理规模的情况，以及《镇（乡）村排水工程技术规程》（CJJ 124—2008）中有关镇（乡）村排水设施服务人口在 5 万人以下的有关规定，将集中式污水处理项目处理规模分级确定为≤100m^3/d、101~500m^3/d、501~1000m^3/d 和 1001~5000m^3/d。

（一）集中式农村生活污水处理厂（站）投资情况

农村生活污水处理厂（站）建设成本与处理工艺、出水标准、建设规模等直接相关，同时还受当地地质、气候、资源等自然条件，人工、材料、机械价格及施工的具体情况影响。生态环境部于 2013 年 11 月发布的《农村生活污水处理项目建设与投资指南》在不同的处理工艺、出水标准及建设规模的分类下，对多种集中式污水处理工艺投资情况进行总结，结果如表 5-2 所示。

表 5-2 集中式农村生活污水处理厂（站）总投资

类型	出水标准（GB 18915—2002）	吨水投资（元/m^3）			
		处理规模 ≤100m^3/d	处理规模 101~500m^3/d	处理规模 501~1000m^3/d	处理规模 1001~5000m^3/d
AO 法	一级 B	3600~4500	3200~3900	2000~3600	2500~3200
	二级	3200~4200	2900~3600	2500~3300	2200~3200
A^2O 法	一级 B	3800~4700	3200~4000	3100~3600	2500~3200
	二级	3100~4000	3000~3800	2700~3300	2400~2900
氧化沟法	一级 B	3600~4500	3200~4000	2900~3600	2500~3200
	二级	3200~4200	2900~3600	2500~3200	2200~3200
生物接触氧化法	一级 B	3600~4500	3200~4000	2900~3600	2500~3200
	二级	3200~4200	2900~3600	2500~3200	2300~2500
SBR 法	一级 B	3600~4500	3200~4000	2900~3600	2500~3200
	二级	3200~4200	2900~3600	2500~3200	2200~2500
MBR 法	一级 A	4500~5500	4200~5300	3800~4500	3000~4000
	一级 B	4200~5200	4000~5000	3500~4500	2800~3500

注：总投资费用参考标准东部地区可上调 10%，西部地区可下调 10%，北方寒冷地区需增加采暖防寒措施的，可上调 20%。

对于同一出水标准（一级 B），在各类工艺中，MBR 法投资费用最高，其他工艺类型总投资相差不大，规模为 100m^3/d 及以下时，吨水投资基本在 3600~4500 元/m^3，规模扩大至 1000m^3/d 以上时，吨水造价可下降至 3000 元/m^3 以下。

由表 5-2 可知，MBR 法吨水投资最高，在处理规模小于等于 100m^3/d 时，达到了 4200~5200 元/m^3。北京属于北方寒冷地区，在冬天需要增加保温措施，吨水投资上调 20%可达到 5040~6240 元/m^3。横向观察表 5-2 可知，对于集中式污水处理系统，随着处理规模增大，各类工艺的吨水投资逐渐减小。北京地区农村相对较为集中，且排水管道相对较为完善，存在一定量的大规模农村集中式污水处理厂（站），但针对 1001～5000m^3/d 的处理规模，MBR 的吨水投资仍可达到 3000 元/m^3 以上，费用相对较高。MBR 法的土建费用相较于传统处理工艺较小，但机械设备费用较传统污水处理方法较高，对投资贡献最大的为膜组件费用，膜组件制作成本较高，因此总投资费用较大。

在污水处理工艺总投资中，一般 35%～50%的费用为材料费用，如池体建设等费用，30%～45%的费用用于鼓风机、水泵等设备的采购，15%～25%的费用用于建设过程中的人工费用。

（二）集中式农村生活污水处理厂（站）运行费用

根据有关资料，污水处理运行成本由直接费用、制造费用及间接费用构成，直接费用包括能源费用（电费、水费，其中电费为主要费用，占总费用的 40%～50%）、材料费用（包括絮凝剂费、化验费、低值易耗品等）、直接人工及福利费（所有生产人员的工资及福利）；制造费用包括维修费、原材料费、备品备件费等；间接费用为管理部门为组织和管理生产而发生的各种费用，包括行政管理部门各种管理费用、财务费用、设备折旧费及其他间接费用。

由于人工及材料价格的地区差异，在考虑运行费用参考标准时，可对东部经济发达地区上调 10%，西部经济欠发达地区下调 10%。另外，北方寒冷地区，冬季运行管理需增加采暖防寒措施的，运行费用相对较高，运行费用参考标准可上调 20%。《农村生活污水处理项目建设与投资指南》中调查农村生活污水处理厂（站）运行成本结果见表 5-3，调查过程中根据实例运行情况提出各类不同规模厂（站）运行投资情况分析。

表 5-3 农村集中污水处理厂（站）运行费用

类型	出水标准（GB 18915—2002）	吨水运行费用（元/m^3）			
		处理规模 ≤100m^3/d	处理规模 101~500m^3/d	处理规模 501~1000m^3/d	处理规模 1001~5000m^3/d
AO 法	一级 B	0.8~1.2	0.7~0.8	0.7~0.8	0.6~0.8
	二级	0.8~1.0	0.7~0.8	0.6~0.7	0.5~0.6
A^2O 法	一级 B	1.0~1.3	0.8~1.0	0.7~0.8	0.7~0.8
	二级	0.8~1.0	0.7~0.8	0.7~0.8	0.6~0.7
氧化沟法	一级 B	0.8~1.0	0.7~0.8	0.7~0.8	0.6~0.7
	二级	0.7~0.9	0.7~0.8	0.7~0.8	0.5~0.7
生物接触氧化法	一级 B	0.8~1.0	0.7~0.8	0.7~0.8	0.6~0.7
	二级	0.8~0.9	0.7~0.8	0.7~0.8	0.6~0.7
SBR 法	一级 B	0.8~1.0	0.7~0.8	0.7~0.8	0.6~1.0
	二级	0.7~0.8	0.6~0.8	0.6~0.7	0.5~0.6
MBR 法	一级 A	1.0~1.3	0.8~1.0	0.7~0.8	0.6~0.8
	一级 B	1.0~1.0	0.8~0.9	0.7~0.8	0.6~0.7

注：运行费用参考标准东部地区可上调10%，西部地区可下调10%，北方寒冷地区需增加采暖防寒措施的，可上调20%。

在同一出水标准（一级 B）下，吨水运行费用较低的为氧化沟法，处理规模小于等于 100m^3/d 时为 0.8~1.0 元/m^3，随着规模的扩大可降至 0.6 元/m^3，但该类工艺在北京冬季运行时均需采取防寒措施，以保证出水水质，因此吨水运行费用应上调约 20%。运行费用最高的处理方法为 MBR 法，一级 B 出水标准下，处理规模小于等于 100m^3/d 时吨水运行费用约为 1.0 元/m^3，扩大处理规模至 1000m^3/d 以上时，吨水运行费用仍相对较高，为 0.6~0.7 元/m^3。

二、农村生活污水分散处理项目

农村生活污水分散处理工程的主要工艺选择按照《农村生活污染防治技术政策》（环发〔2010〕20 号）、《农村生活污染控制技术规范》（HJ 574—

2010）进行，这两份文件总结了小型人工湿地、土地处理、稳定塘、净化沼气池、小型一体化污水处理设备建设项目的建设内容以及投资和运行维护费用情况。

（一）农村生活污水分散处理项目投资情况

分散处理工程出水执行《城镇污水处理厂污染物排放标准》（GB 18918—2002）二级标准，本书在此基础上对总投资及运行费用分布情况进行分析。

农村分散式污水处理形式多样，处理规模大部分都不超过 100m³/d，多集中在 10m³/d 以下。从全国范围看，各地已建成各类单户或联户生活污水处理工程试点，但由于各类试点建设标准差异较大，同时与集中处理厂（站）一样受到人工、材料、自然条件等诸多因素的影响，因此工程投资存在较大差异。分散式处理与联户规模相关，投资成本按户计时，每户处理生活污水的投资从几百元至几千元不等。具体吨水投资情况如表 5-4所示。

表 5-4　农村生活污水分散式处理工程投资情况

工艺	吨水投资（元/m³）			
	处理规模≤1m³/d	处理规模2~4m³/d	处理规模5~9m³/d	处理规模≥10m³/d
小型人工湿地	2800~3700	2600~3300	2600~3200	2300~2900
土地处理	2600~3300	2200~2900	2000~2600	1900~2400
稳定塘	2300~3300	2300~2600	2000~2400	1900~2400
净化沼气池	2600~5200	2600~3900	1900~3300	600~2000
小型一体化污水处理装置	32000~39000	19500~28000	13000~22000	11000~15000

由表 5-4 可见，净化沼气池的投资明显低于其他工艺方法，当处理规模≥10m³/d 时，吨水投资可低至 600~2000 元/m³，沼气池工艺简单，建设难度小，因而建设成本低。土地处理、稳定塘、小型人工湿地在北京农

村地区的分散式污水处理中均有所应用，其投资集中在2500~3500元/m^3。

小型一体化污水处理装置投资费用较高。农村生活污水小型污水处理装置一般为一体化地埋式设备，包括地埋箱体、污水提升泵、污泥回流泵、生化处理成套设备（可采用SBR、MBR、CASS等工艺）、供氧风机以及自控装置。小型一体化污水处理装置箱体设施均可放置在地下，占地面积小。小型一体化污水处理装置采用的工艺多种多样，建设吨水投资较高，一般都在10000元/m^3以上。当前北京地区应用一体化地埋装置仍然较少，装置多为引进技术，缺乏大规模推广与技术发展。单户一体化地埋装置主要是引进日本净化槽技术，适用于5~7人，造价在15000元左右。目前，这类处理装置主要在太湖周边有少量应用。在我国农村，小型一体化污水处理装置主要用于多户、村落污水处理，一体化装置的主要处理规模在20~50m^3/d。

小型一体化污水处理装置具有抗冲击能力强、维护管理方便、模块化设计、运行方式灵活等优点，并可实现全面自控，基本能实现无人管理状态下的自动运行。

（二）农村生活污水分散处理项目运行维护管理费用

小型人工湿地运行费用低于0.1元/吨，土地处理运行费用低于0.2元/吨，稳定塘运行费用低于0.1元/吨，净化沼气池运行费用低于0.2元/吨，以上技术均具有动力设备需求小的特点，且依托于生物和生态技术，维护难度小、处理效果好，十分适用于北京市广大农村地区。小型一体化装置运行费用为0.1~0.8元/吨，运行费用较高，但该技术处理效果较好、出水稳定，可进一步进行技术创新与发展，降低能耗，实现推广。

三、集中式与分散式农村生活污水处理成本对比分析

我国针对集中式与分散式农村生活污水处理模式的成本分析较少，但

国际上对农村生活污水处理的研究已由早期对各种工程技术方案的改良转至后期农村生活污水处理的成本有效性问题。该类研究主要是分散处理模式与集中处理模式之间的比较，以及影响分散处理模式成本有效性的各类因素分析等。

各种分散处理模式的快速发展很大程度上是由农村生活污水处理的高成本问题所推动的。分析国外的农村生活污水处理发展历程可以发现，美国在联邦政府取消生活污水处理设施建设的财政拨款之后，各种分散处理模式受重视程度上升，并逐渐成为农村生活污水处理的主要方式。目前分散处理模式的服务人口约占美国总人口的1/4。德国和芬兰这一比例分别达到8%和20%。

相对于集中处理模式，分散处理模式在建设成本方面优势比较明显。集中处理模式中建设成本的压力主要来自建设规模、配套管网等方面，仅管网成本就占到总成本的60%以上。农村地区人口密度低、居住比较分散，而且污水的生成量和性质都不稳定，集中处理模式在此类情况下不占优势，随着服务人口数量的减少，户均成本可能成倍上升。例如，一个相同的生活污水集中处理模式，服务人口在10000人以上时，每户的平均成本为6000美元；当服务人口在1000人以下时，每户的平均成本高达15000~20000美元。相对而言，分散处理模式的初期建设投入和配套管网的建设需求都要小得多。

集中处理模式的优势主要在于规模经济性。美国国家环保局的一份报告显示，当农村距离城市污水管网在8045m以内时，农村生活污水纳入管网集中处理就有可能是成本有效的，此时处理模式的规模经济发挥优势。但是，如果集中处理模式的处理能力与人口密集度不匹配，有可能出现建设规模越大，单位污水的处理成本反而越高的现象。

四、不同工艺运行费用分布情况

通过对中国知网和万方数据库中收录的资料整理，本书对 92 个案例涉及的各种污水处理工艺成本进行了统计分析。在统计过程中，未进行规模区分，统计的运行费用分布情况如表 5-5 所示。

表 5-5 各工艺实际案例运行费用统计情况

工艺	最高费用（元/m^3）	最低费用（元/m^3）	平均费用（元/m^3）	案例数（个）
生物滤池+人工湿地	5. 60	0. 09	1. 34	5
A^2O/AO+土地渗滤	1. 90	1. 00	1. 33	3
氧化沟	1. 66	0. 25	1. 24	4
MBR	1. 65	0. 05	1. 22	9
SBR	1. 42	0. 41	1. 00	9
人工湿地	1. 42	0. 14	0. 97	9
生物接触氧化	5. 60	0. 15	0. 81	4
A^2O	0. 94	0. 45	0. 73	3
稳定塘	0. 50	0. 50	0. 50	2
一体化设备	0. 55	0. 35	0. 45	4
厌氧处理+人工湿地	0. 95	0. 08	0. 32	11
厌氧处理+生物接触氧化+人工湿地	0. 52	0. 15	0. 27	3
AO+人工湿地	0. 36	0. 15	0. 25	2
土壤渗滤	0. 50	0. 00	0. 25	17
厌氧生物滤池	0. 4	0. 1	0. 216667	3
人工湿地+稳定塘	5. 6	0. 04	0. 215695	2
厌氧处理+人工湿地+稳定塘	0. 17	0. 1	0. 135	2
总计	—	—	—	92

由表5-5可知，在单项处理技术中，氧化沟、MBR和SBR工艺的运行费用平均值最高，平均运行费用达到1.00元/m^3及以上，平均运行费用最低的为“人工湿地+稳定塘”和“厌氧处理+人工湿地+稳定塘”的组合工艺。人工湿地和稳定塘类的生态处理方法无须大规模电力设备，节省了运行费用中占比最大的电耗费用，且药剂投加较少，人工维护较为简单，因此运行费用最低。另外，部分处理工艺会在生物及生态处理技术单元前加入水解酸化的厌氧预处理，以保证运行效果，此类预处理运行价格较为低廉，不会对运行费用造成明显提升。

各类工艺运行费用整体上仍呈现较为明显的差异分布，以人工湿地、土地渗滤和稳定塘为代表的生态处理工艺运行费用较低，基本保持在0.5元/m^3以下，而MBR和SBR类的工艺运行费用较高，大部分案例运行费用超过1.0元/m^3。一体化设备中，内部选用的工艺及原理不同，运行费用也会有一定差别。在大部分污水处理工艺的运行费用中，中位数和平均值较为相近，但也有部分工艺运行费用在不同案例中相差较大。这主要是由于在不同的项目中、不同的进水水质和出水标准下运行费用相差较大，这类差异在统计过程中是不可避免的。

五、典型工艺分析

（一）人工湿地

人工湿地是我国农村地区近年来发展较快的农村生活污水处理技术之一，北京地区运用人工湿地进行农村生活污水处理的案例也较为常见。据人工湿地的建设规模参考标准《人工湿地污水处理工程技术规范》（HJ 2005—2010）和《人工湿地污水处理技术导则》（RISN-TG006—2009）可知，其吨水建设面积分布范围如表5-6所示。

表 5-6 人工湿地系统吨水用地面积

类型	有前处理的人工湿地吨水用地面积（m^2）	无前处理的人工湿地吨水用地面积（m^2）
潜流人工湿地	2~3	4~6
表流人工湿地	8~15	16~20

人工湿地的投资费用主要为土地费用和设备费用。由表 5-6 可知，在潜流人工湿地和表流人工湿地前加处理工艺可以有效减少人工湿地吨水面积，人工湿地的主要限制之一为占地面积较大，北京地区城市发展速度快，农村地区相比我国其他地区也面临着土地费用较高的问题，因此在人工湿地前加一定的预处理设施有助于降低污水处理项目的土地费用。

1. 人工湿地投资情况

由表 5-7 可知，人工湿地的投资费用随着处理规模的增大有所降低，且投资费用垂直潜流人工湿地>水平潜流人工湿地>表流人工湿地。水平潜流人工湿地具有无异味、不易结冰等优点，在北京地区应用相对较为广泛，该种湿地吨水投资费用在 2000~4200 元/m^3，在北京地区冬天需采取保温措施，会在一定程度上提高投资额。该种污水处理方法相较于集中式污水处理厂（站）的各类工艺，投资较低，适用于污水处理普及率低、经济较城市薄弱的农村地区。

表 5-7 农村污水处理人工湿地投资参考标准

类型	出水标准（GB 18915—2002）	吨水投资（元/m^3）			
		处理规模 ≤100m^3/d	处理规模 101~500m^3/d	处理规模 501~1000m^3/d	处理规模 1001~5000m^3/d
表流人工湿地	一级 B	2200~3000	2000~2800	1800~2500	1500~2100
	二级	1500~2100	1300~1800	1200~1700	1000~1400
水平潜流人工湿地	一级 B	3000~4200	2500~3500	2200~3000	2000~2800
	二级	2200~3000	2000~2800	1800~2500	1500~2100

续表

类型	出水标准（GB 18915—2002）	吨水投资（元/m^3）			
		处理规模 ≤100m^3/d	处理规模 101~500m^3/d	处理规模 501~1000m^3/d	处理规模 1001~5000m^3/d
垂直潜流人工湿地	一级 B	3200~4500	2800~3900	2500~3500	2200~3000
	二级	2800~3900	2500~3500	2000~2800	1700~2400

人工湿地结构简单，建设难度小，可以与当地环境相结合进行建设，动力设备需求小，因此主要建设费用集中在湿地中填料、种植植物等材料费用上。其中材料费一般占总投资的60%~80%。

2. 大型人工湿地运行费用

人工湿地无须鼓风曝气等能耗设备，依靠植物拦截和生物膜等生物方法去除污染物，运行费用一般为0.25~0.80元/吨水，主要包括人工维护费和动力提升能耗费用等。在建设过程中，若根据当地地形以重力为动力来源，可进一步降低运行费用，除了一定的人工维护费用，甚至可以达到零运行费用。但在北京地区，冬天人工湿地面临结冰、微生物活性较差和出水水质差等问题，需采取保温措施，可能在一定程度上增加电费消耗，提升运行费用。

（二）MBR 工艺

MBR 是各类农村生活污水处理工艺中运行费用与建设费用最高的工艺之一，MBR 也是北京市较为常用的农村生活污水处理工艺之一。MBR 工艺的运行费用主要由电费、药剂费、人工费和污泥处置费等组成。直接运行成本费用中设备维修、水质检测、人工管理、污泥处置等项目与每个项目实际情况相关性很大。

在 MBR 运行过程中，药剂费主要为膜组件化学清洗过程中所消耗的药剂费用，成本相对固定，但另外有除磷药剂和碳源药剂的投加，该类药剂一般需要根据水质情况调整投入量，在充分利用生物脱碳除磷的条件下，辅助化学除磷和反硝化脱氮。MBR 工艺吨水药剂成本约为 0.075 元，占直接运行成本的 15.7%，与传统深度处理工艺相比，其药剂成本降低 10%~30%。

电耗高是 MBR 工艺运行费用较高的主要因素，其吨水电耗约为 0.51kW·h/m^3，与传统污水深度处理工艺（二级生物处理工艺后进行混凝、沉淀、过滤单元处理）的 0.35~0.45kW·h/m^3 电耗相比仍偏高约 10%，有研究显示，电耗费用在直接成本中约占 84.3%。MBR 工艺中能耗的组成有工艺曝气、膜冲洗曝气、回流泵、搅拌器等，主要能耗单元是好氧池和膜池的曝气以及水的提升和转移，其中，生化曝气鼓风机和膜曝气鼓风机是电能消耗的主体，占总耗电量的 60%~70%，其中膜曝气风机耗电量大于生化曝气风机，因此，节能降耗的关键是降低 MBR 工艺中膜池的曝气能耗。

MBR 工艺自动化程度较高，人工费消耗相对较小；MBR 工艺中污泥浓度较高、泥龄长、污泥减量明显，污泥量为传统工艺的一半左右，污泥处置费相对其他工艺占比较小；另外，在 MBR 运行过程中，系统运行一段时间后需要更换 MBR 中空纤维膜组件、部分模架配件、过滤器滤芯等，会产生相应的设备更换的间接费用，也会提高 MBR 整体运行费用。

第六章

北京农村生活污水处理现状

随着农村经济社会快速发展，大量农村生活污水未经有效处理直接进入受纳水体，加剧了农村水环境污染，影响了农村人居环境。为加强农村生活污水治理，住建部督促各省市出台了严格的农村生活污水处理设施水污染物排放标准，对农村生活污水处理工艺设计提出了更高的要求。然而，相较于城镇，农村生活污水治理起步较晚，技术标准体系发展仍不完善。许多污水处理设施因工艺设计不合理，频繁暴露出运营资金匮乏、运行效率低下等问题，已无法满足人民日益提高的生活质量和不断增长的受纳水体环境保护目标需求。建立完善的技术标准体系，引导污水处理技术“因地制宜”发展，是当前农村生活污水治理亟待完成的重要任务。为此，本书以农村生活污水处理工艺发展较为成熟的北京市为例，对市内农村生活污水处理设施开展了现状调查，并结合相关文献资料，从污水处理发展历程、政策关联性、工艺种类与数量、工艺建设时间、工艺组合模式等角度解析了农村生活污水处理工艺发展历程与现状特征，以期为北京及其他省市农村生活污水处理能力的提高提供科学支撑。

一、数据来源

关于北京农村生活污水研究的数据主要来自现场调查数据和文献资料。

（一）现场调查数据

现场调查数据来自 2019 年冬季（2019 年 1—3 月）和夏季（2019 年 7 月）对全市 680 座农村集中式污水处理设施的调查。本书收集了设施所在村庄名称、经纬度坐标、采用工艺、设计规模、建成或投用时间、建设方式、运营管理模式、运营方等基本信息，记录了设施的运行状态，建立了北京农村集中式污水处理设施运行数据库。此外，还结合村民访谈、污水处理设施管理员访谈等信息，对停运原因进行了统计与分析。

具体调查内容如下：

1. 基本情况

村庄主体、建设主体（包括装备供应商等）、运营（商）主体、污水处理设施、管网设施的基本情况。

2. 进出水水质

包括 pH、COD、BOD_5、悬浮物、氨氮、总氮、总磷 7 项指标，出水水质是否满足北京市污染物排放标准（DB 11/307—2013）相应限值。

3. 污水处理设施

污水处理设施情况包括所采取的技术工艺、建设方式（地埋、半地埋、地上等）、占地面积、服务人口、检测情况（在线监测设备、检测方式等）、调蓄能力、处理能力（设计处理能力、实际运行处理情况）等。

管网情况包括是否雨污合流、管网结构、管网材质、管网总长与覆盖率、污水类型、处理后水的去向等。

给水情况包括用水量、给水水源、是否有给水处理设施、是否集中供水等；给排水存在的主要问题等。

4. 运营管理、技术经济性

污水处理设施的吨水建设投资、直接运行成本、运营管理模式、建设模式、运维难度等。

（二）文献资料

除了通过现场调查和进出水检测获得的一手数据，本书还参考了大量文献以及政府文件等资料。

例如，在对农村生活污水处理设施的村庄区域类型划分中，基于国家地理信息公共服务平台和北京市地理信息公共服务平台的全国高程 DEM（30m）数据和北京市行政区划等资料，将北京市农村生活污水处理设施所在位置划分为平原（海拔<200m）、丘陵（200m≤海拔<500m）和山地（海拔≥500m）三个类别。通过北京市统计局、北京市生态环境局、北京市文化和旅游局官方网站及相关文献资料获取了北京市民俗旅游村庄名录、北京市重要水源地保护村庄名录。通过北京市规划和自然资源委员会、北京市住房和城乡建设委员会及相关文献资料，确定了北京市城乡接合部村庄范围。在对上述资料进行解析的基础上，将农村生活污水处理设施所在村庄划分为民俗旅游村庄、城乡接合部村庄、重要水源地村庄、重要水源地民俗旅游村庄、城乡接合部民俗旅游村庄和一般村庄六个类别。

二、北京农村生活污水处理发展历程

（一）新农村建设之前

在 2005 年党的十六届五中全会提出“建设社会主义新农村”战略之前，北京农村生活污水处理处于尝试阶段，最主要的污水处理设施是常见的化粪池、氧化塘、沼气池等。这些处理设施多为村庄或农户自行筹资建设，虽然工艺简单，投资运行费用低，但处理效率低下，容易产生臭味。在此期间，北京郊区农村生活污水问题严峻，“脏乱差臭”现象广泛存在。

2003年以前，北京农村地区还没有单独建立集中式污水处理设施的村庄。2003—2006年，仅有个别农村建立了集中式污水处理设施。这一阶段，北京农村生活污水治理以小城镇建设为依托。由于缺乏技术指导和政策指引，北京农村地区污水主要通过小城镇建设专项资金建立的城镇污水处理厂收集处理。收集农村生活污水的城镇污水处理厂始建于1995年，比农村集中式污水处理设施建设时间约早10年。但1995—2006年，乡镇污水处理厂的建设数量较少，农村生活污水治理水平整体较低。北京市发展改革委结合小城镇建设，安排专项资金推进了33个重点镇污水处理厂建设，解决了部分镇边村庄污水处理问题。2003年起，市水务局针对水资源紧缺、水源保护压力日益增大的情况，在生态清洁小流域建设中，实施污水、环境等五同步治理，推进水源地村庄和民俗旅游点污水治理建设。

（二）新农村建设时期

2006年，按照《中共中央　国务院关于推进社会主义新农村建设的若干意见》提出的“生产发展、生活宽裕、乡风文明、村容整洁、管理民主”的新农村建设要求，北京市积极推进新农村建设。其中，在村容整洁方面，要求加强污水处理设施建设。从2006年开始，北京农村污水治理开始纳入政策规划，农村地区陆续建立了一批污水处理设施，探索采用“分散+集中+接入市政管网”模式处理农村生活污水。这一阶段，农村集中式污水处理设施和城镇污水处理厂建设数量均稳定增长，但集中式污水处理设施建设数量远超城镇污水处理厂。

2006年起，结合新农村建设，北京市发展改革委安排了200个村污水处理工作。2009年起，村镇污水处理建设作为新农村五项基础设施转移到区县，由区县负责建设。已有资料显示，2006年底，全市有240个村建有污水处理设施；2007 年底，全市 481 个村建有污水处理设施；2010 年底，全市 770 个村建有污水处理设施。截至 2013 年底，全市共建村级污水处理设施 1010 处，涉及 676 个行政村，重要地表水水源地村庄 194 个，市级民俗旅游村 143 个，其他已建污水设施村庄 523 个，日处理能力为 19.5 万吨。随着新农村污水处理设施数量的逐年增加，郊区污水处理率逐年上升。

这一阶段，北京农村生活污水处理除了设施数量的快速增长，在处理模式和技术工艺上也取得了一定的成效。例如，确定了“分区实施、因地制宜；厂网共建、先网后厂；村镇联通、集中统筹；资源整合、循环利用；创新机制、监管结合”的工作思路，实现了农村生活污水的集中收集处理，改善了农村居民生活环境，基本解决了农村脏乱差、夏季蚊蝇滋生、臭气熏天的问题。同时，北京在试点村尝试了三种污水处理模式，即分散处理模式、集中处理模式和接入市政管网模式。北京市水务局在对全市 80 个示范村展开调研的基础之上，经研究确定了适合北京农村的 8 种处理工艺及组合，并分别应用在全市 13 个涉农区的 78 个村庄，取得了一定的污水治理成效。但这个阶段也暴露出了很多问题，其中最大的问题就是污水处理设施普遍闲置。很多污水处理设施在建设初期没有做好规划，没有考虑当地实际情况，盲目选择高效率却也昂贵的处理工艺（如 MBR），但运行管理脱节，运维资金匮乏，导致天价处理设施成了摆设，产生“政府不补贴，村庄无力运行”的现象。

（三）美丽乡村建设时期

随着生态文明建设战略深入实施，为了实现将北京建成国际一流和谐宜居之都的宏伟目标，北京农村污水治理工作从“十三五”时期就被提上重要议程。从 2013 年开始至今北京市共实施了四轮污水治理行动方案，即

《北京市加快污水处理和再生水利用设施建设三年行动方案（2013—2015 年）》《北京市进一步加快推进污水治理和再生水利用工作三年行动方案（2016 年 7 月—2019 年 6 月）》《北京市进一步加快推进城乡水环境治理工作三年行动方案（2019 年 7 月—2022 年 6 月）》和《北京市全面打赢城乡水环境治理歼灭战三年行动方案（2023 年—2025 年）》，农村生活污水治理能力得到持续加强。其中，第一轮“三年行动方案”重点关注的是中心城区和新城地区，第二轮、第三轮和第四轮“三年行动方案”对农村地区污水治理的关注度不断提高。

一是从 2016 年起全市将饮用水水源保护区、自然保护区、风景名胜区、人口集聚区及其他重点区域划定为禁养区，从源头控制污染产生，仅用两年时间就基本关闭了全市禁养区内规模化养殖场共 353 家。

二是 2016 年第二轮“三年行动方案”确定了“城带村”“镇带村”“联村”“单村”建设方式，对城乡接合部地区、重要水源地村庄和民俗旅游村庄进行了重点治理，并明确了农村管网建设补助标准以及运行补贴标准，提出了按照流域与区域相结合的原则分区划片，通过市场竞争方式确定专业建设、运行单位。

三是第三轮“三年行动方案”把农村水环境治理放在突出位置，通过加快农村地区生活污水治理、开展小微水体整治、加强面源污染治理等工作，系统推进，以水源地周边村庄、新增民俗旅游村庄、人口密集村庄为重点，同时结合农村户厕改造，采用收集运输处理等方式解决人口较少村庄的生活污水治理问题。

四是 2023 年第四轮“三年行动方案”继续把农村水环境治理放在重要位置，提出规划期末实现城乡污水收集处理设施基本全覆盖、农村地区生活污水得到全面有效治理的目标，全面打赢城乡水环境治理歼灭战。对于农村地区生活污水治理，北京提出坚持因地制宜、集散结合，优先选用符合农村地区实际、运行费用低、管护简便的污水治理模式。此外，要加快污水户线和公共污水管线建设，采用“污水收集管网+厂站”模式，解决位于城乡接合部、水源保护区范围内及人口密集等重点村庄污水集中处理问题；其他村庄采用分散处理模式，解决农户生活污水处理问题。

五是为加快项目设施落地和加强运行监管，北京市出台了《北京市农村污水处理和再生水利用项目实施暂行办法》《北京市农村污水处理和再生水利用设施运营考核暂行办法》《北京市农村污水处理与再生水利用设施运行监测系统建设工作方案》《关于进一步加强农村污水处理设施运行维护和监督管理的通知》《村庄生活污水收集与处理技术规程》等规范性文件，在污水处理设施建设、验收、维护和管理等方面进行了明确规定。

除了四轮污水处理“三年行动方案”，在其他一些重要政府文件中也对农村生活污水处理工作进行了部署安排。

2014 年 6 月，北京市政府办公厅印发《提升农村人居环境推进美丽乡村建设的实施意见（2014—2020 年）》，明确提出加大农村生活污水处理力度。将水源保护地村庄和民俗旅游村，经济发达、人口密集、污水排放量较大的村庄纳入全市农村生活污水处理计划，每年完成计划总量的 15% 左右，到 2020 年全部建设完成并实现农村地区污水排放达标。

随着乡村振兴战略的实施，2018 年 2 月北京市委办公厅、北京市政府办公厅印发的《实施乡村振兴战略　扎实推进美丽乡村建设专项行动计划（2018—2020 年）》明确提出，要全面开展农村污水治理工作。在抓好已建污水处理设施修复改造的基础上，根据村落和农户分布，集中或分散建设污水处理设施，人口较少的村庄要因地制宜，通过湿地等多种方式进行污水处理。简化农村生活污水处理设施用地审批程序，按照村选址、乡镇审核、区审定的原则进行项目选址。依规将农村生活污水治理项目纳入“一会三函”工作流程，加快推进建设。2019 年底前，污水处理设施基本覆盖本市重要水源地和人口密集的村庄、民俗旅游村；2020 年底前，全市农村地区污水得到有效治理。

2022 年 3 月，北京市委办公厅、北京市政府办公厅印发了《北京市“十四五”时期提升农村人居环境建设美丽乡村行动方案》，提出加强农村生活污水治理，按照污染治理与资源利用相结合、工程措施与生态措施相结合、集中处理模式与分散处理模式相结合的原则，分类推进农村生活污水治理，优先治理饮用水水源保护区等重点区域生活污水。结合城市发展，治理城乡接合部长期保留村庄生活污水。在完成第三个治污“三年行动方案”的基础上，接续制定实施第四个治污“三年行动方案”。统筹农村污水治理骨干管网和入户管线衔接，提高污水收集率和处理率。实施入河排污口清理整治，加强农村小微水体治理。加强村庄排水设施建设，提高排水防涝能力。探索实施农村污水处理设施常态化监测、巡查机制。

根据北京市第三次全国农业普查，截至 2016 年底，北京市 3938 个村共拥有 743 座污水处理厂（站）、6595.4km 的污水处理管网，集中进行污水处理的村庄有 1639 个，占比为 42.70%。污水处理设施资金来源以政府和集体出资为主导，其中政府出资的村庄占比为 65.89%，集体出资的村庄占比为 31.85%，村民自筹的占比为 0.37%，其他为 1.89%。从区级层面来看，密云和房山两区的污水处理厂数量大于其他区，丰台、大兴、门头沟三区污水处理厂数量较少，但昌平区污水处理管线的长度最长，而丰台、大兴、门头沟三区管线长度相对较短。集中处理污水的占比呈现出“内高外低”的分布特征，越靠近核心城区，污水集中处理的比例越高，污水处理资金来源中集体出资的设施占比也呈现出“内高外低”的分布特征，越靠近核心城区，集体出资占比越高，而处于外围的区以政府出资为主导。据统计，经过污水行动方案连续实施，2021 年底全市 2106 个村的生活污水得到有效治理，农村地区生活污水处理率达到 74.57%。

三、北京农村生活污水处理设施建设与政策关联性

北京农村生活污水处理设施建设与政府出台的支持政策间具有很强的关联性。图 6-1A 列出了北京农村污水处理设施建设与相关政策发布时间的关系。从图中可以看出，北京市从 1995 年开始，先后结合小城镇建设、生态清洁小流域建设、社会主义新农村建设、新农村“三起来”工程、新农村“五项基础设施”建设、第一个“三年行动方案”、美丽乡村建设和第二个“三年行动方案”等重点工作，建设了大批农村污水处理设施。在政策影响下，北京农村生活污水处理设施建设大致经历了两个“高潮”（图中椭圆阴影标注）。第一个建设高潮时段为 2006—2011 年，第二个建设高潮时段为 2014—2018 年。

社会主义新农村建设，特别是北京市“5+3”工程等政策推动形成了第一个污水处理设施建设高潮。2005 年 10 月 8 日，党的十六届五中全会通过《中共中央关于制定国民经济和社会发展第十一个五年规划的建议》，提出要按照“生产发展、生活宽裕、乡风文明、村容整洁、管理民主”的要求，扎实推进社会主义新农村建设。北京市政府积极响应并快速启动新农村试点项目污水治理工程，在 80 个新农村试点村庄建设了 78 个农村污水处理设施。然而，新农村试点工程在实践中出现了不少问题，如规模不合理、工艺选择没有针对性、建成后运行率不高等。为此，北京市水务局在对全市 80 个示范村进行调研的基础上确定了 MBR、生物接触氧化等 8

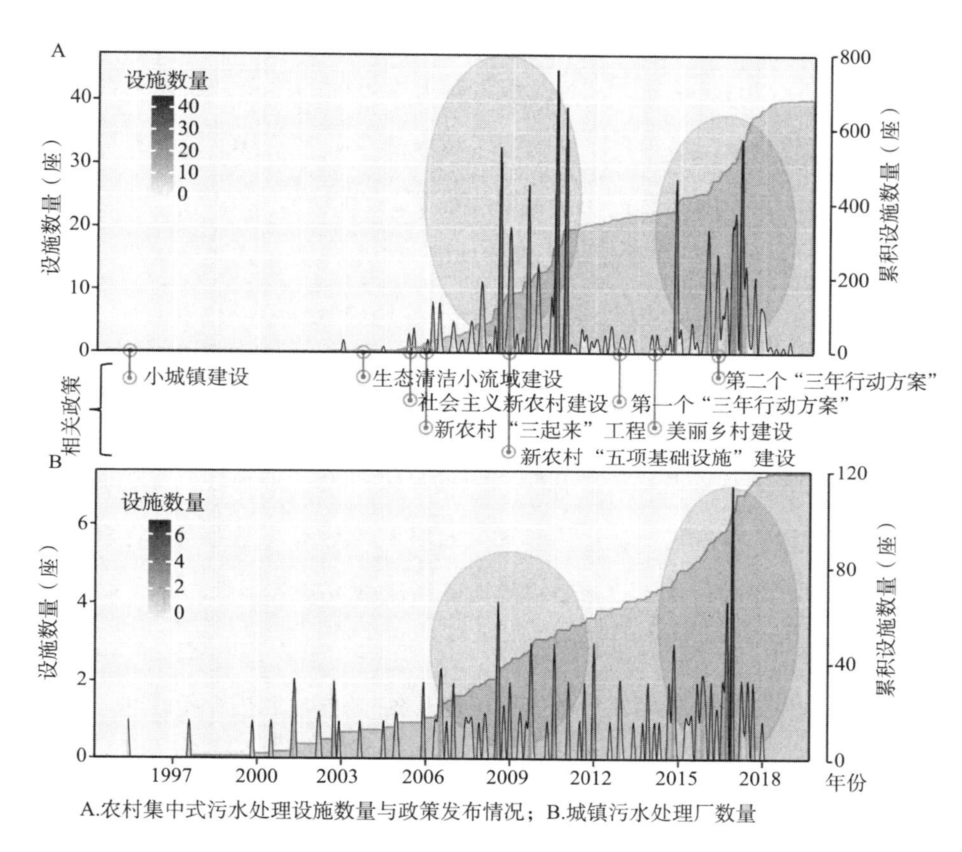

A.农村集中式污水处理设施数量与政策发布情况；B.城镇污水处理厂数量

图 6-1　北京农村集中式污水处理设施和城镇污水处理厂建设数量及相关政策发布情况

种适用于北京农村的污水处理工艺及组合。作为社会主义新农村建设的开局之年，2006 年，北京市实施了以让农村“亮起来”、让农民“暖起来”、让农业资源“循环起来”为主要内容的“三起来”工程，开展了农村厕所改造、农村生活污水收集处理等工作，推动了农村生活污水处理设施的建设。2007 年底，北京有 481 个村庄建有污水处理设施，包含 80 个重要水源地保护村庄和 52 个小流域治理村庄。其中，城镇污水处理厂约 40 座，村级污水处理设施超过 400 座。但此时，全市农村生活污水处理率只有 12%，大部分农村地区产生的污水仍未得到有效处理。2009 年，北京市制定了新农村“五项基础设施”建设规划，积极推进郊区村庄的街坊路、安全饮水、污水处理、厕所改造和垃圾处理五个方面的建设，加速了农村生活污水处理设施建设，提高了农村生活污水治理水平。2011 年，北京农村污水处理率达到 40%，远高于全国平均水平。2012 年，京郊有 866 座污水处理设施，其中包含 70 座城镇污水处理厂和 796 座集中式或分散式污水处理设施。2013 年，污水处理设施数量上升到 1010 座。

美丽乡村建设和两个“三年行动方案”推动形成了第二个污水处理设施建设高潮。2013 年，北京市发布第一个“三年行动方案”，提出到“十二五”末全市污水处理率达到 90%以上的目标；2014 年 6 月，北京市发布美丽乡村建设实施意见，提出持续加大农村生活污水处理力度，将水源地保护村、民俗旅游村、人口密集村等典型村庄纳入治污规划，并要求 2020 年实现农村地区污水排放达标。继第一个“三年行动方案”之后，2016 年 5 月，北京市又发布了第二个“三年行动方案”，提出利用 3 年时间，基本实现城乡接合部、重要水源地和民俗旅游村庄污水处理设施全覆盖，重点解决 760 个村庄的污水收集、处理问题。以上政策极大地推动了北京农村地区污水处理设施建设进程。

四、北京农村生活污水处理设施现状

（一）农村生活污水处理设施数量

北京农村生活污水处理设施经过多年建设，有些设施因为工艺技术不合理，村庄建设、管护跟不上等原因，闲置或者拆除，造成具体保有量、如何分布缺乏统一口径。笔者通过查阅中国知网文献数据库中的相关文献资料，北京市历年统计年鉴，北京市生态环境局、北京市水务局、北京市统计局、北京市住房和城乡建设局及各区生态环境局公布的相关资料，结合污水处理实施运营公司所负责的集中式污水处理设施的相关信息，经汇总和整理得到北京市农村集中式污水处理设施名录。对照名录，经过2019年冬夏两季的现场调研，排除因村庄拆迁或设备拆除而不复存在的污水处理设施，截至2019年8月，北京市密云区、怀柔区、房山区、平谷区、通州区、延庆区、顺义区、昌平区、大兴区、门头沟区、朝阳区、海淀区、丰台区13个涉农区实际存在的农村集中式污水处理设施和城镇污水处理厂数量共有790座，其中城镇污水处理厂110个，农村集中式污水处理设施680个，各区具体数量如表6-1所示。

表6-1 北京市各区农村集中式污水处理设施和城镇污水处理厂数量

区	城镇污水处理厂数量	农村集中式 污水处理设施数量	农村集中式污水处理 设施覆盖行政村数量
昌平区	10	27	25
朝阳区	9	9	8
大兴区	11	6	6
房山区	8	100	71
丰台区	6	8	6
海淀区	4	28	25
怀柔区	14	101	51
门头沟区	15	2	2
密云区	2	213	114
平谷区	1	12	12
顺义区	9	45	35
通州区	16	80	55
延庆区	5	49	44
总计	110	680	454

（二）农村生活污水处理设施分布特征

图 6-2 基于各污水处理设施（厂）经纬度坐标和建成投用时间，结合北京市高程数据，从地理空间角度展示了 680 座农村集中式污水处理设施和 110 座城镇污水处理厂的投用时长及分布特征。由图可知，北京农村集中式污水处理设施和城镇污水处理厂在近郊和远郊均有广泛分布，但两者的分布呈现显著的区域性差异。农村集中式污水处理设施主要分布在远郊的山区、丘陵地带，其次分布在近郊平原地带。城镇污水处理厂主要分布在近郊平原地带，在远郊的分布相对较少。此外，农村集中式污水处理设施在密云北部、怀柔南部、通州北部和房山西南部聚集分布，而城镇污水处理厂分布较分散。在农村集中式污水处理设施分布最密集的四个区中，密云区的农村集中式污水处理设施主要建成于 2008—2011 年，怀柔区的农村集中式污水处理设施主要建成于 2015—2017 年，房山区的农村集中式污水处理设施主要建成于 2008—2010 年，通州区的农村集中式污水处理设施主要建成于 2016—2018 年。从投用时长来看，密云、房山等区的污水处理设施投用时间整体较长，说明密云和房山开展农村生活污水治理工作较早；而怀柔、昌平、延庆等区的设施投用时间整体较短，这些地区开展农村生活污水治理工作相对较晚。

图 6-3 基于现场调查数据，结合政策规划文件，从区域规划（功能区、流域、行政区）、社会环境（海拔、村庄类型）、运营模式、工艺（工艺模式、工艺种类）四个层面分析了 680 座农村集中式污水处理设施和 110 座城镇污水处理厂的分布特征。从区域层面来看，农村集中式污水处理设施主要分布在密云区、怀柔区、房山区和通州区。密云山区、怀柔山区及房山山区是北京市重要的生态涵养及水源地保护区，环保需求和政策支持力度大，因而设施分布较广。作为重要的城乡接合部区域，通州区人口密集，污水产生和排放量较大。近年来，随着河道水体污染严重，通州区开展了河道黑臭水体治理工程，建设了大量农村集中式污水处理设施。城镇污水处理厂的区域分布特征与农村集中式污水处理设施相比存在较大

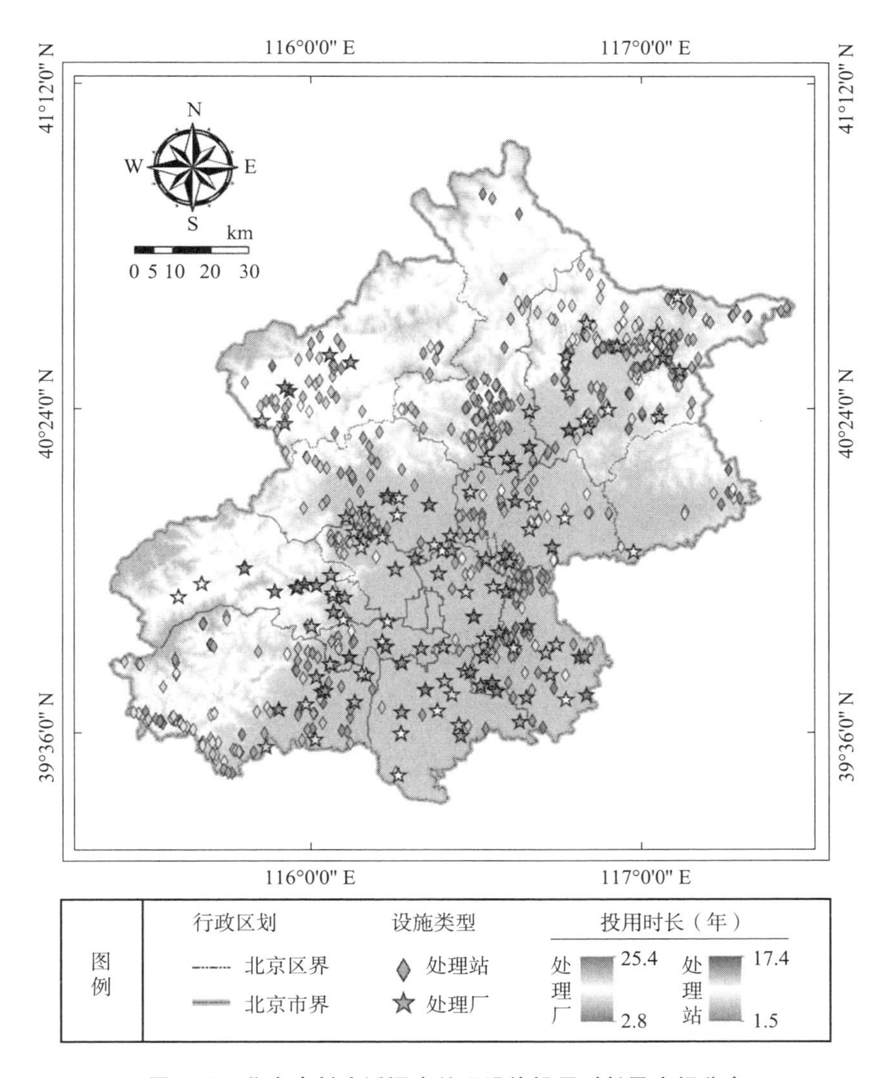

图 6-2 北京农村生活污水处理设施投用时长及空间分布

差异。城镇污水处理厂主要分布在位于平原新城区的通州区，其次为位于生态涵养区的密云、门头沟等区。从社会环境层面来看，农村集中式污水处理设施和城镇污水处理厂均主要分布在低海拔地区，但农村集中式污水处理设施在中、高海拔地区的分布数量显著多于城镇污水处理厂。此外，农村集中式污水处理设施在重要水源地村庄、城乡接合部村庄和民俗旅游村庄有集中分布的现象。城镇污水处理厂主要分布在普通村庄，在水源地村庄和民俗旅游村庄的分布数量较少。

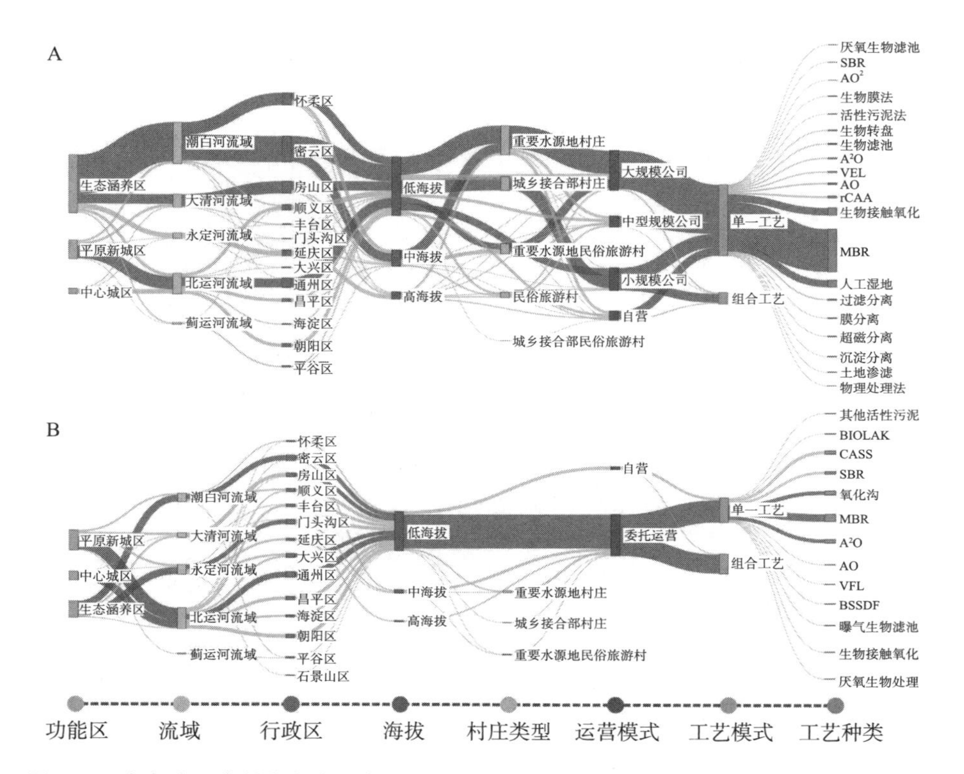

图 6-3 多角度下农村集中式污水处理设施（A）和城镇污水处理厂（B）现状分布特征

农村集中式污水处理设施和城镇污水处理厂在区域规划和社会环境层面的分布差异源于两者服务功能定位的不同。城镇污水处理厂主要分布在管网覆盖率高、人口密集度高的乡镇地区，主要收集处理乡镇生活污水、工艺污水、畜禽养殖污水及周边村庄产生的生活污水。在地形条件复杂、人口密度相对较小且市政管网难以覆盖的偏远地区，建设农村集中式污水处理设施是更好的选择。

从运营模式来看，农村集中式污水处理设施和乡镇污水处理厂的分布特征具有相似性。由图 6-3 可知，北京农村集中式污水处理设施和城镇污水处理厂均主要委托专业公司运营，自营占比较低。根据现场调查结果，当前北京大部分农村生活污水处理设施由少数几家公司运营，如密云、怀柔、房山等设施分布密集的行政区，其污水处理设施均由统一的运营方负责运营管理，这与2019年住房和城乡建设部《农村生活污水处理工程技术标准》中提出的农村生活污水处理设施宜以区县为单位实行统一运营管理的要求一致。

五、北京农村生活污水处理设施工艺现状

（一）技术工艺数量及种类

调查的北京680座农村集中式污水处理设施采用的技术工艺共有42种。其中，好氧生物处理工艺占比最高，为72.94%，其次为组合工艺（13.38%）和生态处理工艺（9.12%），物理处理工艺（4.41%）和厌氧生物处理工艺（0.15%）占比较低（见图6-4）。从各工艺数量来看，当前北京农村集中式污水处理设施采用最广泛的5种工艺分别为：MBR、生物接触氧化、人工湿地、A^2O和A^2O+MBR，采用上述工艺的设施占所有设施的比例分别为51.9%、9.1%、8.5%、6.0%和5.0%。可见，MBR、A^2O、生物接触氧化等传统的好氧生物处理工艺在北京农村集中式污水处理设施中应用广泛。相比城镇地区，我国农村污水治理起步较晚，至今尚未建立完善的农村污水处理技术标准体系，农村地区污水处理技术多采用传统城镇污水处理技术。MBR工艺污染物综合去除性能优越，且出水水质稳定，采用此类工艺的设施主要分布在密云、怀柔和房山山区等生态功能涵养及重要水源地保护区域。生物接触氧化和A^2O工艺技术发展成熟，能满足人口密集村庄污水处理需求。采用此类工艺的设施主要分布在通州、顺义等城乡接合部区域。以上两类工艺的占比为72%。可见，保护水源地安全和实现人口密集村庄污水治理是当前北京农村生活污水治理的重要目标。除上述工艺外，北京农村集中式污水处理设施还采用了37种其他工

艺，这些工艺的占比为 19. 5%。这表明北京农村生活污水处理工艺未局限于城镇污水处理模式，多元化的新型工艺及组合工艺在北京农村地区也得到了广泛应用。

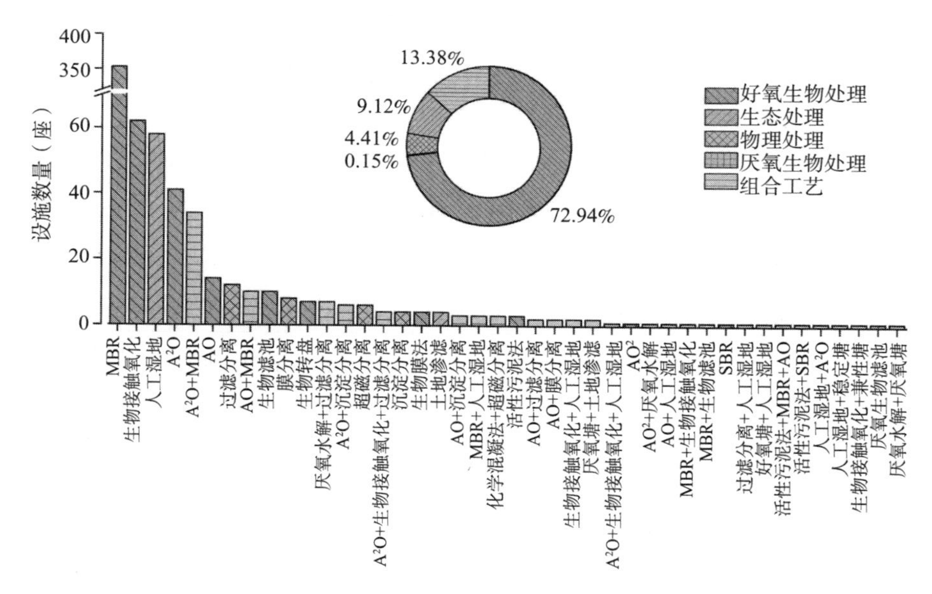

图 6-4 北京农村集中式污水处理设施采用工艺种类及数量分布

（二）技术工艺发展

在工艺选择上，北京农村集中式污水处理设施和城镇污水处理厂均采用了单一工艺和组合工艺两种模式，且工艺种类均以 MBR 等传统生物类工艺为主。但在工艺模式占比及工艺种类丰富度上，两者具有一定差异。如城镇污水处理厂采用组合工艺模式的占比更高，而农村集中式污水处理设施采用工艺的种类更丰富。此外，农村集中式污水处理设施采用了较多生态类工艺及新型改良生物类工艺，如人工湿地、垂直流迷宫技术（VFL）、超磁分离和好氧-厌氧反复耦合污泥减量化技术（rCAA），体现了农村生活污水治理“因地制宜”的发展理念。

图 6-5 是基于 680 座农村集中式污水处理设施采用工艺种类及建设时

间信息，解析了2003—2019年北京农村生活污水处理工艺类型和典型工艺的建设、发展与变化历程。横坐标为设施建成或投用时间（年），纵坐标轴在零值两侧对称。填充面积表示设施数量，不同工艺以不同颜色区分。虚线标注了工艺模式发生转变的时间节点。

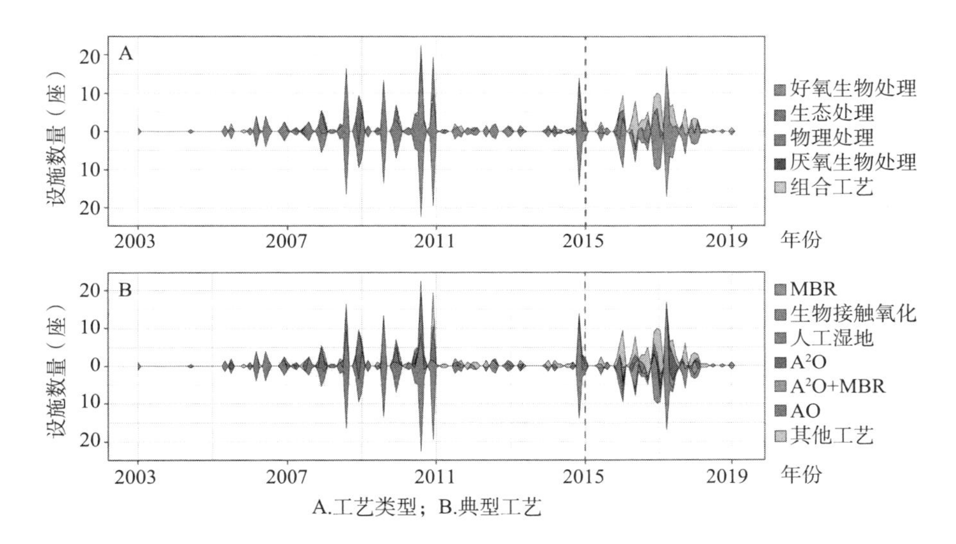

A.工艺类型；B.典型工艺

图6-5 北京农村生活污水处理工艺类型和典型工艺建设时间与数量演变特征

由图6-5A可知，2003—2019年，北京农村集中式污水处理设施以好氧生物处理工艺为主。生态处理工艺主要建设于2008—2011年和2015—2016年。物理处理工艺主要建设于2016—2017年。从2015年开始，组合工艺在农村集中式污水处理设施中得到了广泛应用。综合图6-4、图6-5B可知，2003—2015年，采用好氧生物处理工艺的设施中，绝大部分设施选择了MBR工艺，少部分设施选择了生物接触氧化、A^2O、AO等工艺。而2015年以后，采用好氧生物处理工艺的设施中，MBR工艺的占比大幅下降，A^2O及A^2O+MBR等组合工艺得到了广泛应用。此外，2015年以后建成的设施中，MBR工艺不再是优势工艺，工艺选择更加多元化，城镇污水处理模式工艺之外的“其他”类工艺的占比显著提高。以上结果表明，北京农村集中式污水处理设施的工艺模式从2015年开始由城镇污水处理模式向多元化模式转变，传统工艺之外的新型工艺得到了迅速发展。

北京市从推进社会主义新农村建设开始便积极探索适用于农村地区的污水处理工艺模式。然而，由于缺乏治理经验和指导标准，工艺选择、设计多参照城镇模式，导致污水处理设施在探索实践中出现了诸如工艺选择缺乏针对性、设计规模不合理、运行效率低下等典型问题。2016年，北京市发布了第二个“三年行动方案”，要求项目实施主体根据不同区域的生态地理特征和受纳水体采用适宜的农村生活污水处理技术。在政策指引下，“因地制宜”选择污水处理技术成为农村生活污水处理工艺设计的重要原则，并推动了北京农村生活污水处理工艺向多元化模式转变。

与此同时，为了满足越发严格的污水排放标准和不断提高的水体环境保护需求，组合工艺近年来在北京农村地区应用广泛。综合图6-4、图6-5可知，从2015年开始，好氧生物处理工艺与物理处理工艺、生态处理工艺构成的组合工艺在北京农村集中式污水处理设施中得到了广泛的应用。根据现场调查结果，当前北京地区有95座农村集中式污水处理设施采用了组合工艺，占所有设施的14.0%。

（三）技术工艺布局

1. 依据行政区划分

在所有的涉农区中，密云区的农村集中式污水处理设施主要采用MBR工艺，此外有少部分农村集中式污水处理设施采用了生物接触氧化、生物滤池、人工湿地等；怀柔区的农村集中式污水处理设施均采用了MBR工艺；房山区的农村集中式污水处理设施主要采用人工湿地和MBR工艺，此外有少部分农村集中式污水处理设施采用了组合工艺和其他工艺（如一体化处理设施等）；通州区的农村集中式污水处理设施主要采用组合工艺和一体化处理等其他工艺，此外有少部分农村集中式污水处理设施采用了生物接触氧化、A^2O、AO等；延庆区的农村集中式污水处理设施工艺种类较分散，主要为MBR、土地渗滤和过滤分离，此外有少部分农村集中式污水处理设施采用了生物接触氧化、人工湿地等；延庆区的农村集中式污水处理设施工艺种类较分散，主要为生物接触氧化工艺，此外有部分农村集中式污水处理设施采用了组合工艺和其他工艺；海淀区的农村集中式污水处理设施主要采用组合工艺，此外有少部分农村集中式污水处理设施采用了生物接触氧化和AO工艺；昌平区的农村集中式污水处理设施主要采用MBR和一体化处理等其他工艺，此外有少部分农村集中式污水处理设施采用了膜分离工艺；丰台区的农村集中式污水处理设施主要采用生物转盘工艺，此外有少部分农村集中式污水处理设施采用了过滤分离和MBR工艺；朝阳区的农村集中式污水处理设施主要采用生物膜工艺，此外有少部分农村集中式污水处理设施采用了A^2O和过滤分离工艺等；平谷区的农村集中式污水处理设施主要采用物理处理法和组合工艺，此外有少部分农村集中式污水处理设施采用了人工湿地和MBR工艺；大兴区的农村集中式污水处理设施主要采用MBR和沉淀分离工艺，此外有少部分农村集中式污水处理设施采用了过滤分离和活性污泥法。

北京农村集中式污水处理设施除了广泛采用单一技术工艺，还有95个农村集中式污水处理设施采用了多种单一工艺组合而成的组合工艺。采用了组合工艺的农村集中式污水处理设施主要分布在通州区和海淀区，顺义区、房山区等其他区有少量分布。关于组合工艺，采用“A^2O+MBR”组合工艺的农村集中式污水处理设施全部分布在海淀区；采用“厌氧生物处理+过滤分离”组合工艺的农村集中式污水处理设施全部分布在通州区；采用“AO+MBR”组合工艺的农村集中式污水处理设施主要分布在通州区，门头沟、海淀和房山区有少量分布；采用“MBR+A^2O”组合工艺的农村集中式污水处理设施主要分布在通州区，也有部分分布在海淀区；采用“好氧生物处理+厌氧生物处理”组合工艺的农村集中式污水处理设施全部分布在通州区。

2. 依据功能区划分

从功能区划分来看，生态涵养区是农村集中式污水处理设施分布数量最多的功能区，其次为平原新城区，中心城区农村集中式污水处理设施分布数量最少。生态涵养区的农村集中式污水处理设施主要采用 MBR 工艺，其次为人工湿地工艺和生物接触氧化工艺，此外有少部分农村集中式污水处理设施采用了过滤分离、生物滤池、膜分离、土地渗滤等工艺；平原新城区的农村集中式污水处理设施主要采用了组合工艺和其他工艺（如一体化集装箱处理技术），此外有少部分农村集中式污水处理设施采用了生物接触氧化、A^2O、AO、人工湿地等工艺；中心城区的农村集中式污水处理设施主要采用了组合工艺，此外有少部分农村集中式污水处理设施采用了生物转盘、生物接触氧化、MBR 等工艺。

关于组合工艺，采用“A^2O+MBR”组合工艺的农村集中式污水处理设施主要分布在中心城区，此外有少部分分布在平原新城区；采用“厌氧生物处理+过滤分离”组合工艺的农村集中式污水处理设施全部分布在平原新城区；采用“AO+MBR”组合工艺的农村集中式污水处理设施主要分布在平原新城区，中心城区和生态涵养区也有部分分布；采用“MBR+A^2O”组合工艺的农村集中式污水处理设施主要分布在平原新城区，也有部分分布在中心城区；采用“好氧生物处理+厌氧生物处理”组合工艺的农村集中式污水处理设施全部分布在平原新城区。

3. 依据流域划分

从流域划分来看，潮白河流域是农村集中式污水处理设施分布数量最多的水系，其次为北运河流域和大清河流域，永定河流域和蓟运河流域农村集中式污水处理设施分布数量较少。

潮白河流域的农村集中式污水处理设施主要采用 MBR 工艺，其次为人工湿地工艺和生物接触氧化工艺，此外有少部分农村集中式污水处理设施采用了组合工艺、过滤分离、AO 等工艺；北运河流域的农村集中式污水处理设施主要采用了组合工艺和其他工艺（如一体化集装箱处理技术），此外有少部分农村集中式污水处理设施采用了 MBR、A^2O、AO、人工湿地等工艺；大清河流域的农村集中式污水处理设施主要采用了 MBR 和人工湿地工艺，此外有少部分农村集中式污水处理设施采用了组合工艺和其他工艺；永定河流域的农村集中式污水处理设施主要采用了MBR工艺，此外有少部分农村集中式污水处理设施采用了过滤分离、土地渗滤和沉淀分离等工艺；蓟运河流域的农村集中式污水处理设施主要采用了生物接触氧化和物理处理法，此外有少部分农村集中式污水处理设施采用了人工湿地、组合工艺和其他工艺。

4. 依据地形划分

从地形划分来看，农村集中式污水处理设施在平原区分布最多，其次为丘陵地区，山区分布最少。平原地区的农村集中式污水处理设施主要采用MBR工艺，其次为组合工艺，此外有部分农村集中式污水处理设施采用了生物接触氧化和人工湿地等工艺，少部分农村集中式污水处理设施采用了A^2O、AO、生物转盘和物理处理法等工艺；丘陵地区的农村集中式污水处理设施主要采用了MBR工艺，此外有少部分农村集中式污水处理设施采用了生物接触氧化、生物滤池、人工湿地和其他工艺；山区的农村集中式污水处理设施主要采用了MBR工艺，此外有少部分农村集中式污水处理设施采用了过滤分离、人工湿地、土地渗滤和沉淀分离等工艺。

采用组合工艺的农村集中式污水处理设施主要分布在平原地区，丘陵地区和山区分布很少。丘陵地区的农村集中式污水处理设施采用的组合工艺为“MBR+人工湿地”。山地地区的农村集中式污水处理设施采用的组合工艺为“人工湿地+土地处理+稳定塘”。

5. 依据村庄类型划分

根据村庄类型划分，重要水源地村庄的农村集中式污水处理设施主要采用MBR工艺，此外有少部分农村集中式污水处理设施采用了生物接触氧化、生物滤池和人工湿地等工艺；城乡接合部村庄的农村集中式污水处理设施主要采用了组合工艺和其他工艺，此外有少部分农村集中式污水处理设施采用了MBR、A^2O、生物转盘等工艺；民俗旅游村的农村集中式污水处理设施主要采用了MBR工艺，此外有少部分农村集中式污水处理设施采用了人工湿地、组合工艺和生物接触氧化等工艺。

对于组合工艺在不同村庄类型的分布，采用“A^2O+MBR”组合工艺的农村集中式污水处理设施所属村庄类型主要为城乡接合部村庄，少部分属于其他一般村庄和民俗旅游村；采用“厌氧生物处理+过滤分离”组合工艺的农村集中式污水处理设施所属村庄类型全部为城乡接合部村庄；采用“AO+MBR”组合工艺的农村集中式污水处理设施所属村庄类型主要为城乡接合部村庄，部分为其他一般村庄；采用“MBR+A^2O”组合工艺的农村集中式污水处理设施所属村庄类型主要为城乡接合部村庄，部分为其他一般村庄；采用“好氧生物处理+厌氧生物处理”组合工艺的农村集中式污水处理设施所属村庄类型主要为其他一般村庄，部分为城乡接合部村庄。

6. 依据运营方划分

采用 MBR 工艺的设施的运营方主要为大规模公司（运营设施数量大于 100），其次为中型规模公司（运营设施数量大于或等于 50，小于或等于 100），部分设施为自营；采用组合工艺的设施的运营方主要为小规模公司（运营设施数量小于 50）；采用人工湿地工艺的设施的运营方主要为中小规模公司；采用生物接触氧化工艺的设施的运营方主要为小规模公司和大规模公司；采用 A^2O 工艺的设施的运营方主要为小规模公司；采用过滤分离工艺的设施的运营模式均为自营。

大规模公司所运营的污水处理设施工艺主要为 MBR，少部分为生物接触氧化、生物滤池、AO、人工湿地等；中型规模公司所运营的污水处理设施工艺主要为人工湿地和 MBR，少部分为组合工艺和其他工艺；小规模公司所运营的污水处理设施涉及工艺种类较多，主要为组合工艺和其他工艺，部分为生物接触氧化和 A^2O 工艺，还有少部分为 AO、生物滤池、生物膜、MBR 等；运营方式为“自营”的污水处理设施，涉及工艺种类较多，主要为 MBR、过滤分离和其他工艺，部分为人工湿地、生物转盘、膜分离、土地渗滤等工艺。对于采用组合工艺的设施，其运营方绝大部分为小规模公司。

六、北京农村生活污水处理组合工艺模式剖析

农村地区日益严峻的环境污染现状和不断提高的污水排放标准对农村生活污水处理工艺提出了更高的要求。一方面，农村地区生产、生活方式的改变使农村污水成分日益复杂；另一方面，污染物排放量的增加使水环境承载力不断下降，受纳水体环境保护需求不断提高，污染物排放标准日益严格。传统的生物工艺或生态工艺已无法满足当下农村水环境治理需求，在保证经济有效性的前提下，寻找技术性能更优越的污水处理技术成为当前农村生活污水治理的一个重要研究方向。每种污水处理工艺都存在优势和不足，将多种单一工艺进行组合是当前研究普遍采用的方法。通过采用合理的组合方式，实现各种工艺优势互补，不仅可以提升工艺稳定性、强化污染物去除，还可以降低运营管理难度、节约运营成本。为了寻求性能高效、技术稳定、经济廉价的农村生活污水处理工艺，各种组合工艺得到了广泛研究。其中，生物工艺和生态工艺的组合备受关注，并被认为在农村地区具有广阔的应用前景。

图 6-6 解析了 95 座采用组合模式的北京农村生活污水处理设施的工艺组合特征。图 6-6A 从工艺类别角度分析了北京农村生活污水处理工艺组合方式及其占比。其中，生物、生态和物化工艺分别用不同深浅颜色表示，带箭头的曲线标注了不同工艺类别间的组合方式，箭头指向组合排序靠后的工艺类别，数字标注了该组合方式占所有组合方式的百分比。图 6-6B从单一工艺角度分析了北京农村生活污水处理工艺组合方式及频次。其中，各工艺用不同大小和颜色深浅的圆点表示，圆点颜色深浅表示工艺类别，圆点大小表示该工艺参与组合的频次；各工艺间的组合以带箭头的线条表示，线条颜色表示组合层次，线条粗细表示该组合出现的频次，箭头指向组合排序靠后的工艺。

由图 6-6 可知，北京农村生活污水处理工艺组合以多级生物工艺组合

为主（56.7%），其次为“生物+物化”工艺组合（23.1%），“生物+生态”（8.6%）工艺组合占比较小。此外，还有少部分设施采用了“生态+生态”（4.8%）、“物化+生物”（4.8%）、“物化+生态”（1.0%）、“生态+生物”（1.0%）等组合类别。生物工艺和物化工艺通常具有较好的污染物去除能力，且出水水质稳定，但建设、运营成本较高；生态工艺建设、运营成本较低，但污染物去除性能较差，且出水水质不稳定。整体而言，当前北京农村生活污水处理工艺设计主要考虑污染物去除性能和出水水质稳定性，较少关注经济成本。北京农村集中式污水处理设施广泛采用昂贵的MBR工艺（见图6-4）亦为上述结论的有效证据。

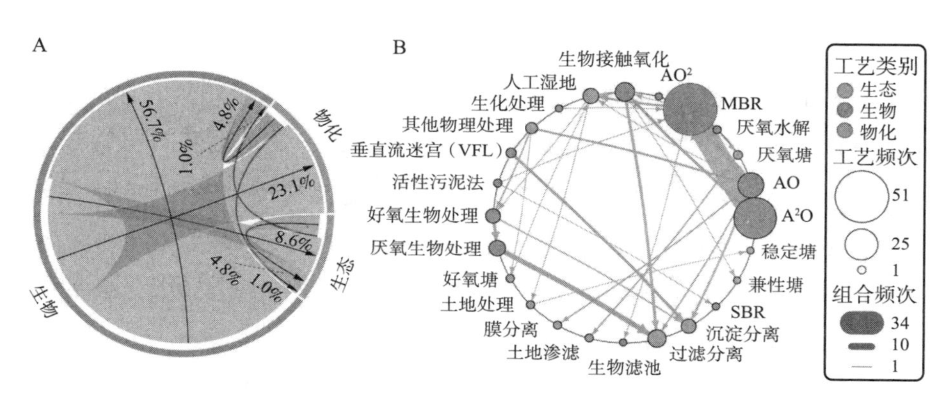

图6-6 北京农村生活污水处理工艺组合模式

由图6-6B可知，参与组合的各类工艺中，生物工艺的种类最多（13种），其次为生态工艺（7种），物化工艺的种类最少（4种）。MBR、A^2O和AO是北京农村生活污水处理工艺中参与组合频次最高的3种工艺（分别为51次、39次和21次）。物化工艺中，过滤分离和沉淀分离工艺参与组合的频次最高（分别为13次和9次）。生态工艺中，人工湿地工艺参与组合频次最高（10次）。从工艺组合出现的频次来看，“A^2O+MBR”是当前北京农村生活污水处理工艺中出现频次最高的组合方式，其频次为34次，占所有组合频次的32.6%。其次为“AO+MBR”组合方式，其频次为9次（占比为8.7%）。此外，“厌氧生物处理+过滤分离”组合方式在部分集中式污水处理设施中得到了应用，其频次为7次（占比为6.7%）。根据现场调查结果，采用“A^2O+MBR”“AO+MBR”两种工艺组合方式的农村集中式污水处理设施主要分布在人口密集、土地资源紧缺的城乡接合部村庄。这类村庄具备一定的经济实力，同时对污水处理设施的污染物去除性能、抗冲击负荷能力、出水水质稳定性、占地面积等方面有较高要求。此外，作为传统活性污泥工艺，A^2O和AO技术发展成熟、脱氮除磷性能优越，但占地面积大、抗冲击负荷能力弱，且出水水质不稳定。MBR工艺弥补了上述不足，因而A^2O、AO与MBR的组合工艺在城乡接合部村庄得到了广泛应用。采用“厌氧生物处理+过滤分离”组合工艺的设施均位于通州区的城乡接合部村庄。近年来，通州区结合河道黑臭水体治理工程解决了部分农村生活污水治理问题，作为处理高浓度有机污水的有效工艺，厌氧生物处理技术在河道黑臭水体治理及农村生活污水治理中得到了少量应用。人工湿地、土地处理系统、生态塘等生态工艺虽然具有成本低、操作简单等优势，但占地面积大、环境适应性弱，因而在北京农村生活污水处理工艺中参与组合的频次较少。

综合以上结果可知，为了满足严格的污水排放要求，部分村庄选择了复杂的多级组合工艺。其中，MBR、A^2O、AO等成本高昂的传统生物工艺得到了广泛应用，而经济廉价的人工湿地、生态塘等生态类工艺的应用占比较小。以上结果进一步验证了当前北京农村生活污水处理工艺选择与设计主要考虑污染物去除性能和出水水质稳定性，而较少关注经济成本。当然，北京市地理位置和气候条件也在很大程度上限制了成本较低的生态处理技术使用频次。

根据北京农村生活污水治理目标及工程实践，生物工艺仍然会发挥污染物去除的关键作用。但目前北京农村地区广泛采用的MBR等生物工艺，其运行成本较高，经济可持续性差。低能耗、低成本的生态工艺可弥补这一缺陷。2016年北京市发布的第二个污水治理“三年行动方案”和2019年住房和城乡建设部发布的农村生活污水处理工程技术标准均将人工湿地等生态工艺作为农村生活污水处理推荐工艺。生态工艺结合农村实际、顺应政策发展趋势，在农村地区具有广阔的应用前景。根据图 6-6，当前北京农村生活污水处理工艺组合模式中，“生物+生态”工艺组合占比仅为 8.6%。可见，“生物+生态”工艺组合模式在北京农村地区具有较大的发展空间，或成为北京农村生活污水处理工艺优化发展的重要方向。

第七章

北京农村生活污水治理存在的问题及设施停运成因分析

近年来，在相关政策的强力支持下，北京市对农村生活污水治理工作给予了高度关注，大量污水处理工艺模式得到推广应用，整体来说农村生活污水治理取得了显著成效。但是结合已有的相关文献资料和对北京农村生活污水处理设施的现场深入调研，笔者发现仍然存在一些问题制约农村生活污水处理设施的持续健康运行。本章节从顶层设计规划、具体处理设施建设到后期管护等多角度梳理总结了北京市农村生活污水治理过程中存在的主要问题。此外，结合现场调研资料，重点对北京农村集中式污水处理设施在冬、夏两季的停运成因及区域差异等情况进行了深入研究分析。

一、北京农村生活污水处理设施运行存在的问题

（一）农村生活污水处理缺乏顶层设计和系统规划

前期北京农村生活污水治理由于缺乏从技术选择、设施建设到运营管理的统一规划和指导，多部门参与建设使得重复建设现象较为明显，多部门管理导致设施停运、闲置等现象普遍存在。各区在污水处理技术选择和设施运营管理等方面各行其道，导致了污水处理站建设存在选址不合理、设计容量不合理、工艺不合理等众多典型问题。还有些地方为了追赶进度，快速上马工程，造成质量不达标的情况也时有出现。此外，由于设施

建设与设施更新迭代的备案不及时、不统一，导致技术装备底数不清，市、区管理层无法及时了解农村生活污水治理现状，直接影响了上层决策，进而可能对北京农村生活污水治理的未来发展造成不利影响。

（二）污水收集管网覆盖率低，收集能力不足

2014 年以来，北京农村地区排水管道长度逐年提升，污水收集率逐步提高；雨污合流管道逐年减少，雨污分流工作渐显效果。尽管如此，北京农村地区污水收集管网覆盖率仍然较低。截至 2018 年底，北京市 3920 个行政村中，只有 1206 个村庄污水得到处理，仍然有大部分农村地区的污水未经处理直接排放。根据延庆区污水管网现场调查结果，区内村庄污水管网覆盖率仅为 10%左右，有 273 个村庄没有建设污水收集管网。未得到有效处理的生活污水直接或间接排入水体环境中，对生态环境和人体健康造成较大威胁。在未实行雨污分流设施建设的村庄，夏季多雨时期大量雨水汇入集中式污水处理设施，严重影响了污水处理设施的处理性能。

（三）早期建设的污水处理设施亟待改造提升

北京市现存的农村集中式污水处理设施有两个集中建设阶段，2005—2011 年，以及 2015—2018 年。其中超过 50%的农村生活污水处理设施建设于 2011 年以前，其工艺设施陈旧，设备和技术均亟须更新。尤其是采用 MBR 工艺和人工湿地的污水处理设施，主要建设于 2006—2010 年，多数设备陈旧老化，处理效率低下，已经不能满足村庄污水处理的实际需求。设施陈旧、易损坏、效率不高、维修速度慢或者无维修技术、无维修资金等，是污水处理设施停运和排水不达标的重要原因。

（四）污水处理工艺单一，因地制宜性不足

北京农村地区早期在污水处理设施建设和工艺选择上未能因地制宜，存在“一刀切”现象。2003—2015 年，污水处理工艺模式主要向城镇污水处理模式看齐，主流工艺为 MBR，少部分为人工湿地和生物接触氧化工艺，2015 年后才逐渐从城镇污水处理模式向因地制宜模式转变。2019 年实

地调查结果表明，北京市 680 座农村生活污水处理设施中，51.3%的处理站仍然采用 MBR 工艺，且这些设施主要分布在运营管理难度较大的山区。如在密云区和怀柔区，超过 90%的农村集中式污水处理设施采用了 MBR 工艺，这些地区的处理设施经常因为来水不足及污水结冰等因素而停运。此外，由于缺乏从技术选择、建设到运营管理的统一规划和指导，部分农村生活污水处理设施存在设计能力与实际需求不符、选址不合理、配套管网建设滞后等典型问题。

（五）运维管护机制保障不足

建立健全的运维管护机制是保障农村生活污水处理设施稳定高效运行的基础。目前北京市尚未建立系统的管理、运维制度，有些地区虽然建立了相关制度却未能照章实施，导致部分污水处理设施处于停运或废弃状态，不能有效发挥污水净化功能。根据冬、夏两季现场调研结果，当前 82.6%的北京农村集中式污水处理设施委托专业运营公司运营，且主要委托一家运营方运营。这些运营方来自 35 家不同单位，其运营规模从 1 处到 227 处污水处理设施不等，不同运营方运营的污水处理设施在污染物达标率和去除率方面有较大差异。同时，由于农村集中式污水处理设施数量多、分布广，所处的地理条件复杂，许多污水处理设施缺乏有效监管，存在间歇运营现象；即便是委托专业公司运行的污水处理设施，也存在无人看守现象，在深山区污水处理设施停运现象则更为普遍。

二、北京农村生活污水处理设施停运成因解析

相较于城镇地区，农村地区经济发展相对滞后，社会和环境条件复杂，采用小型集中式或分散式污水处理设施更符合农村实际。近些年，在政策引导下，小型集中式污水处理设施在北京农村地区得到了广泛应用。然而，受社会环境、设施建设和运营管理等多方面因素的影响，农村污水处理设施闲置现象频发。如何保障设施长效运行是当前农村生活污水治理

亟待解决的问题。为此，本书分析了680座农村集中式污水处理设施在冬、夏两季的运行现状及停运成因，并从社会环境、设施建设和运营管理3个角度解析了农村生活污水处理设施停运成因及发生概率。

（一）数据分析与可视化

将现场调查过程中农村生活污水处理设施未正常运行记为停运事件 P，将导致设施停运的原因记为 $F_i(i=1 \sim 6)$。$F_1 \sim F_6$ 分别表示污水结冰、来水不足、雨水汇入、设备损坏、缺乏资金、升级改造。基于冬季和夏季停运事件数据库，从社会环境、设施建设和运营管理3个角度选取了9个情景对农村集中式污水处理设施停运事件及停运因素发生概率进行了分类统计。9个情景分别为地形、村庄类型、工艺类型、设计规模、建设方式、建设时间、运营方规模、有无在线监测、有无监控。以上9个情景下共包含32个指标，记为 $I_j(j=1 \sim 32)$。其中，地形包括平原、丘陵和山地3个指标，分别记为 $I_1 \sim I_3$。村庄类型分为民俗旅游村庄、城乡接合部村庄、重要水源地村庄、重要水源地民俗旅游村庄、城乡接合部民俗旅游村庄和一般村庄6个指标，分别记为 $I_4 \sim I_9$。工艺类型分为生态工艺、物化工艺、生物工艺和组合工艺4个指标，分别记为 $I_{10} \sim I_{13}$。设计规模分为“0～5”“5～50”“50～100”“100～500”“≥500”5个指标，分别记为 $I_{14} \sim I_{18}$。建设方式包括地埋、半地埋和地上3个指标，分别记为 $I_{19} \sim I_{21}$。建设时间包括“2003—2009年”“2010—2014年”“2015—2018年”3个指标，分别记为 $I_{22} \sim I_{24}$。运营方规模包括自营、小型规模公司、中型规模公司、大型规模公司4个指标，分别记为 $I_{25} \sim I_{28}$。有无在线监测包括有在线监测和无在线监测2个指标，分别记为 I_{29}、I_{30}。有无监控包括有监控和无监控2个指标，分别记为 I_{31}、I_{32}。

各指标下设施停运概率的计算公式如式（7-1）所示：

$$P(I_j)=\frac{n_w(I_j)+n_s(I_j)}{N_w(I_j)+N_s(I_j)} \tag{7-1}$$

式中，$N_w(I_j)$ 为冬季 I_j 指标下确定运行状态及停运因素的设施数量；

$N_s(I_j)$ 为夏季 I_j 指标下确定运行状态及停运因素的设施数量；$n_w(I_j)$ 为冬季 I_j 指标下停运的设施数量；$n_s(I_j)$ 为夏季 I_j 指标下停运的设施数量。

各停运成因发生概率的计算公式如式（7-2）所示：

$$P(F_i I_j)=\frac{n_{wi}(I_j)+n_{si}(I_j)}{N_w(I_j)+N_s(I_j)} \tag{7-2}$$

式中，$n_{wi}(I_j)$ 为冬季 I_j 指标下由停运因素 i 导致的停运设施数量；$n_{si}(I_j)$ 为夏季 I_j 指标下由停运因素 i 导致的停运设施数量。

（二）冬季和夏季设施停运特征的区域差异解析

根据对北京市 680 座农村集中式污水处理设施在冬、夏两季运行现状的调查，在冬季停运的污水处理设施主要分布在东北部的密云水库所在区域，其次为西南部的拒马河水系所在区域和西北部的官厅水库所在区域。在夏季，停运的污水处理设施数量明显减少，且主要分布在密云水库北部山区和拒马河水系覆盖区域。整体而言，冬季停运设施数量多于夏季，且山区设施停运现象更普遍。然而，无论是冬季还是夏季，各区域均普遍存在农村集中式污水处理设施停运的现象。

从行政区来看，冬、夏两季设施停运率差异明显的有密云、延庆、平谷、大兴、丰台和朝阳等区。其中，位于密云、延庆、平谷和朝阳等区的设施冬季停运率明显高于夏季。密云、延庆和平谷等区位于北京市远郊区，这些区域的纬度、海拔整体较高，冬、夏两季气温变化明显，农村生活污水水量和相态受季节变换影响大。位于朝阳区的设施，其停运率差异可能与冬、夏两季用水量差异有关。位于大兴和丰台区的设施夏季停运率反而高于冬季，这可能与设施运营管理方面的因素有关。与远郊区相比，门头沟、通州、顺义、房山、海淀和昌平等区纬度相对较低，这些区域的设施停运率冬、夏两季无明显差异，表明季节变换对这些区域的设施影响较小。作为远郊区之一的怀柔区，其设施停运率冬、夏两季差异较小，这可能与设施的地理位置分布有关。根据调查，位于怀柔区的设施集中分布在南部城区，在北部山区的分布较少，因此，季节变换对设施影响较小。

整体上，相较于近郊区和城六区，在远郊区，设施停运率冬、夏两季差异更明显，表明季节变换对位于偏远山区的农村集中式污水处理设施的停运率影响更大。需要注意的是，朝阳、丰台、大兴、门头沟、平谷等区的农村生活污水处理设施数量较少，研究结论主要基于密云、怀柔、延庆、房山、通州、顺义、海淀和昌平等区的统计数据。

（三）冬季和夏季停运成因解析

由图 7-1 可知，导致北京农村集中式污水处理设施停运的原因主要可归纳为气候环境、水量变化和运营管理三个方面。气候环境方面的因素主要为污水结冰，水量变化方面的因素包括来水不足和雨水汇入，运营管理方面主要包括缺乏运营资金、设备损坏和设备升级改造。在冬季，污水结冰、来水不足、缺乏运营资金和设备损坏是导致农村集中式污水处理设施停运的四个主要原因，其占比分别为 60.1%、26.1%、7.3%和 6.5%。在夏季，导致农村集中式污水处理设施停运的原因主要为设备升级改造、雨水汇入、来水不足、缺乏运营资金和设备损坏，其占比分别为 20.4%、20.2%、19.9%、19.8%和 19.7%。

北京地处典型的北温带半湿润大陆性季风气候区域，夏季高温多雨，冬季寒冷干燥。在冬季，北京农村地区气温普遍较低，山区气温常在 0℃以下，污水管道易发生冻结。此外，农村居民用水量和污水产生量存在明显的季节变化特征，冬季农村居民用水量和污水产生量均明显低于其他季节。因气温较低导致的污水结冰和用水量下降导致的来水不足是影响冬季农村集中式污水处理设施运行的主要因素。在夏季，污水处理设施运行率整体较高，部分设施因水量变化和运营管理方面的因素而停运。现场调查过程中发现，部分远郊村庄未实行雨污分流，在夏季，雨水汇入设施产生溢流现象时有发生，超负荷的水量常导致设施故障。此外，少部分村庄存在污水处理设施选址不当和管道设计不合理等典型问题，部分设施因污水未得到有效收集而无法正常运行。

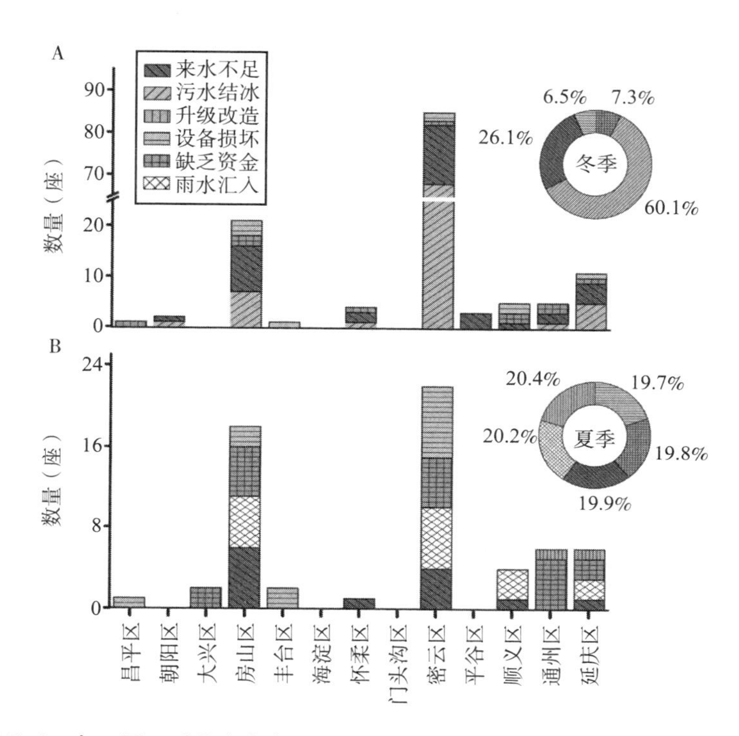

图 7-1 冬、夏两季北京市农村生活污水处理设施停运原因及各区停运数量

北京市各行政区农村集中式污水处理设施冬季和夏季停运原因及占比如图 7-1 所示。污水结冰现象广泛存在于密云、房山和延庆等区，是导致设施停运的最主要原因。来水不足现象也广泛存在于此三个区，而且是导致房山区农村集中式污水处理设施停运的最主要原因。缺乏运营资金也是当前我国农村污水治理面临的主要问题之一。“有钱建，无钱用”现象依然广泛存在。在北京农村地区，许多行政区均存在少部分设施因缺乏运营资金而无法正常运行的现象。雨水汇入污水处理设施的现象在密云、房山、顺义和延庆等区均有发生，并且是导致顺义区夏季农村集中式污水处理设施停运的主要原因。此外，密云、丰台和房山等区存在少部分设施因缺乏有效维护而停运。

（四）不同情景下农村生活污水处理设施停运成因发生概率

基于北京农村集中式污水处理设施建设、运营及空间分布特征，本书分别从社会环境条件（地形、村庄类型）、设施建设条件（工艺类型、设计规模、建设方式、建设时间）和运营管理条件（运营方规模、有无在线监测和监控设备）3个角度、9个情景分析了设施停运成因发生概率，见图7-2。图7-2A基于冬季和夏季现场调查数据，统计了各情景下设施停运的概率。图7-2B给出了不同情景下各停运成因发生概率，各停运成因发生概率以不同颜色圆点表示，圆点大小表示概率值。

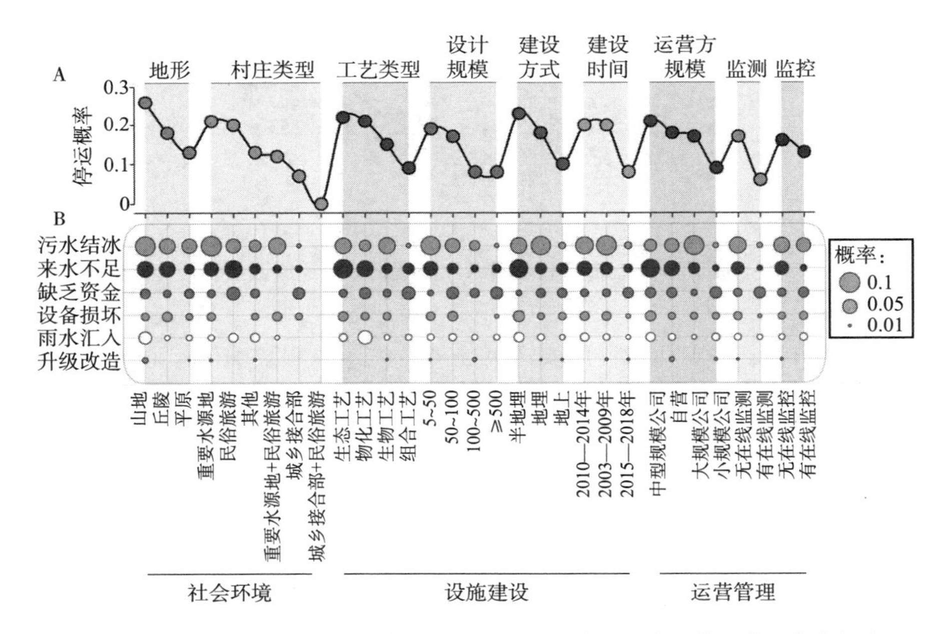

图7-2 多情景下北京农村集中式污水处理设施停运概率及停运成因发生概率

从社会环境角度来看，山区污水处理设施停运概率大于丘陵和平原。随着海拔增加，污水处理设施停运概率具有上升趋势，且污水结冰、来水不足和雨水汇入等成因发生概率也具有相同趋势，说明各地形下设施停运概率主要与气温变化和水量变化有关。此外，位于重要水源地村庄和民俗旅游村庄的设施停运概率明显高于其他类型村庄。不同村庄类型下，缺乏资金和设备损坏两个成因发生概率具有明显差异，但两者对重要水源地村庄和民俗旅游村庄的设施停运概率的贡献较小。重要水源地村庄和民俗旅游村庄主要分布在郊区丘陵或山地地区，污水结冰和来水不足是这些地区设施停运概率的主要贡献因素。城乡接合部村庄和其他类型村庄多位于平原地区，污水结冰和来水不足对这些地区设施停运概率的贡献较小。以上结果表明，不同社会环境条件下设施停运概率差异明显，污水结冰、来水不足和雨水汇入是设施停运概率呈现社会环境差异性的主要成因。

从设施建设角度来看，不同工艺类型、设计规模、建设方式和建设时间下，设施停运概率差异明显。采用生态工艺的设施停运概率最高，其次为物化工艺和生物工艺，而采用组合工艺的设施停运概率最低。设计规模小于 $100m^3/d$ 的设施比大于 $100m^3/d$ 的设施停运概率更高。采用地埋式和半地埋式建设方式的设施，其停运概率高于采用地上建设方式的设施。根据现场调查资料，采用生态工艺的设施主要分布在山地和丘陵地区。设施规模小于 $100m^3/d$、采用半地埋建设方式、建设时间在 2015 年之前的设施，其地理分布也具有类似特征。而采用组合工艺、设计规模 $\geq 500m^3/d$、采用地上建设方式、建设时间在 2015 年之后的设施主要分布在城六区或近郊区。可见，在不同建设条件下，设施地理分布存在明显差异。在设施停运率较高的各设施建设情景中，污水结冰和来水不足仍然是设施停运概率的主要影响因素，雨水汇入、设备损坏、缺乏资金等成因对设施停运概率的影响较小。但是，雨水汇入、设备损坏、缺乏资金等成因对设施运行的影响不容忽视，这些成因发生概率在不同设施建设条件下具有明显差异。资金缺乏这一成因在采用物化工艺和组合工艺的设施中发生概率更高，雨水汇入这一成因在采用物化工艺和采用半地埋建设方式的设施中发生概率更高，设备损坏这一成因在设计规模<$100m^3/d$、采用半地埋建设方式、建设时间早于2015年的设施中发生概率更高。以上结果表明，相较于设施所处的社会环境，工艺类型、设计规模、建设方式和建设时间等设施建设条件的差异对设施停运概率的影响较小。但在相同的社会环境条件下，设施建设条件对停运概率的影响不容忽视。设计规模较小的设施发生故障的风险更大，需要加强管理和维护。设计规模较大的设施运营投入较高，需要保障稳定的资金来源。采用半地埋式建设方式的设施，应当避免雨水汇入。生态类工艺对环境适应能力差，需加强运营维护，并采取有效的保温措施。

从运营管理角度来看，运营规模较小的公司，其运营的污水处理设施发生停运的概率明显低于其他运营规模下的设施。安装在线监测设备和在线监控设备的设施，其停运概率低于未安装相应设备的设施。根据现场调查资料，小规模公司运营的设施、安装在线监控或监测设备的设施均主要分布在城六区或近郊区，这些设施因污水结冰和来水不足而停运的概率相对较低。由图7-2可知，在不同运营管理情景下，雨水汇入、设备损坏、缺乏资金、升级改造等成因发生概率没有明显差异，但污水结冰和来水不足发生概率差异明显。这表明在不同运营管理情境下，污水结冰和来水不足仍然是影响设施停运概率的主要因素。

综上所述，9个情景下设施停运概率均呈现明显差异，不同情景下设施停运概率的差异均与设施地理位置分布的差异有关，说明气温差异和水量变化等社会环境因素是影响农村生活污水处理设施停运率的主要因素。与之相比，设施建设和运营管理方面的差异对设施停运概率的影响较小。以上结果表明，位于郊区的农村生活污水处理设施更易受气候环境条件的影响。因此，需加强对郊区农村生活污水处理设施的运营管理和维护力度，以进一步提升农村地区污水治理水平。

第八章

北京农村生活污水处理技术装备综合评价

北京农村生活污水处理技术装备类型多样，运行表现各异。基于前面章节对国内外相关技术装备发展应用情况，特别是北京市农村生活污水处理技术装备的运行现状科学考察，本章节通过建立农村生活污水处理技术设备的综合评价体系，明晰各类技术装备的使用适宜性，研究结果将为政府科学决策提供重要参考依据。

一、工艺评价方法

当前国内外农村生活污水处理技术种类繁多，且大部分工艺在国内均有实际应用案例，但少有工艺应用能被称作成功案例。其主要原因有两个方面：一是工艺的设计和选择缺乏科学的指导；二是污水处理工艺缺乏系统、完善的评价体系。国内外已有大量针对城镇污水处理厂综合性能的评价，有部分学者借鉴城镇污水处理厂的评价模式，提出了分散式农村生活污水处理系统的评价方法和体系。当前，国内外关于分散式农村生活污水处理工艺的评价方法主要有以下九种：费用-效益分析法、多准则决策法、生命周期评价法、数据包络分析法、模糊数学法、技术经济评价法、层次分析法、可拓评价法和集对分析评价法。

（一）费用-效益分析法

费用-效益分析法着重从经济方面对污水处理技术进行相关评价，主要涉及污水处理技术实施所需的成本投入、运行和维护费用、污水处理带来的经济利益（损失）等。这种评价主要是对上述几种费用、效益、损失等从经济层面来进行权衡，从而体现某种污水处理技术的经济可行性和经济优越性等。国内外已经有许多研究采用费用-效益分析方法来对比分析多种分散式污水处理工艺的适用性。

（二）多准则决策法

多准则决策分为两种类型：一种是多属性决策（MADM），用来处理离散型决策问题；另一种是多目标决策（MODM），用来处理连续性的决策问题。污水处理技术评价以及污水处理技术优选，均是一种非连续的、离散型决策问题，同时污水处理技术评价和优选涉及许多不同的影响因素，从一定程度上来说，它同时还是一类多属性、多维的决策问题，因此这类问题完全可以应用多属性决策的方法来处理。研究文献中，这种方法多基于情景分析研究最适合的污水处理技术。

（三）生命周期评价法

生命周期评价又称为生命周期分析，是详细研究一种产品从原材料开采、生产到产品使用后最终处置的全过程，即生命周期内的能源需求、原材料利用、生产过程产生的废物、产品在消费和报废后的处置中能量和材料的流失及其环境影响定量化。它的基本结构可以归纳为四个有机联系部分：定义目的与确定范围、清单分析、影响评价和结果解释。生命周期评价的内容包括六个方面：目标定义、范围界定、生命周期清单分析、生命周期影响评价、生命周期解释和生命周期改善评价。这种方法被应用于农村生活污水处理工艺评价时，重点在于经济成本方面的分析。

（四）数据包络分析法

一般的评价方法比较同一类型的决策单元的效率，需要将决策单元的输入/输出指标进行比较并通过加权得到一个综合评分，然后通过各个决策单元的评分来反映其效益优劣。数据包络分析巧妙地构造了目标函数，并通过 Charnes-Cooper 变换（C^2-R 变换）将非线性规划问题转化为线性规划问题，无须统一指标的量纲，也无须给定或者计算投入产出的权值，而是通过最优化过程来确定权重，从而使对决策单元的评价更为客观。目前该方法主要应用于对城镇污水处理厂的评价。

（五）模糊数学法

在评价农村生活污水处理技术过程中，有些评价指标难以量化，只能用一些语言来形容，这给评价过程带来一定的困难，而这种困难上述几种评价方法都无法避免也都无法解决。模糊评价数学模型简单，理论容易掌握，对多因素、多层次复杂问题的评判效果比较好，能够处理一定程度上的不确定性问题。模糊数学法在国内农村污水处理工艺技术评价方面应用广泛。

（六）技术经济评价法

技术经济评价是国内常用的一种评价方法。农村生活污水处理工艺的技术经济评价是以污水处理工艺为对象，对其经济和技术两方面的因素做出客观科学的评价。

（七）层次分析法

层次分析法是一种定性与定量分析相结合的多目标决策分析方法。该方法将复杂问题分成若干层次和若干指标，把这些指标按支配关系分组并连接成有序的递阶层次结构，构建一个层次结构模型。对同一支配指标下的所有指标进行两两比较，建立两两比较的判断矩阵，通过计算判断矩阵的最大特征值和对应的特征向量，确定每一层次中指标相较于其上支配指标的重要性（权重），然后逐层合成指标权重，得到最低层相较于最高层的综合指标权重，根据综合权重按最大权重原则确定最优方案。

（八）可拓评价法

农村生活污水处理技术涉及的评价指标很多，各个单项指标的评价结果有时是不相容甚至矛盾的，这给评价过程带来一定的困难。我国学者蔡文创立了可拓学形式化工具，从定性和定量两个角度来研究解决问题的规律和方法，该理论能够很好地解决上述矛盾问题。

（九）集对分析评价法

由我国学者赵克勤于 1989 年提出的集对分析法就是一种能够处理和协调确定与不确定之间关系的方法，其核心思想是将被研究客观事物的确定与不确定性视为一个系统，从同异反三方面分析研究客观事物之间的联系与转化，并用联系度来描述系统的各种不确定性，从而将对不确定性的辩证认识转化成定量分析的数学工具。集对分析是目前发展较快的一种系统评价方法。

各工艺评价方法的优、缺点和适用性如表 8-1 所示。

表 8-1　工艺评价方法的优、缺点和适用性

方法	优点	缺点	适用对象
费用-效益分析	经济因素考虑全面	主要考虑经济因素，其他因素考虑较少	城镇污水处理厂的设计和评价
多准则决策	同时适用于离散型和连续型评价问题	计算复杂，需要软件和数学模型	污水处理管理决策

续表

方法	优点	缺点	适用对象
生命周期评价	进行整体性和长久性评价，评价结果可靠，评价过程成熟	对复杂系统进行评价难以得到真实的评价结果	农村污水处理技术评价
数据包络分析	适用范围广泛，无量纲限制，无须预先给出权重	要求数据量大，有效前沿面的生成比较困难	城镇污水处理厂工艺评价
模糊数学	模型简单，能够处理不确定性、多因素、多层次问题，可对定性指标定量化	评价信息重复，隶属函数确定困难，合成算法有待改进，包含主观因素	污水处理工艺评价
技术经济评价	从工艺的技术和经济两方面进行评价，对象具体，目的明确	形式过于简单，技术与经济的关联性不强	污水处理工艺评价
层次分析	定性与定量结合，利用权重赋值可将定性指标定量化	评价结果存在人为主观因素	农村污水处理技术评价
可拓评价	评价结果分辨率高、可靠、合理，评价过程速度快	关联函数的定义、表现形式及其变化等有待改善	污水处理工艺选择
集对分析评价	评价结果合理、精细、分辨率高，且符合实际	联系熵含义及其与信息熵之间联系与区别等需要进一步阐述	城镇污水处理厂改造决策

根据国内外文献调研结果，目前国内农村生活污水处理工艺评价广泛采用层次分析法和模糊数学法相结合的评价方法。已经有大量研究利用此方法开展农村生活污水处理工艺技术评价，并建立了较为成熟的工艺评价指标体系。考虑评价方法的成熟性、可靠性，本书选择“模糊数学法”“层次分析法”和“基于因子分析的综合指标法”，从技术、社会经济和环境三个层面，对北京农村生活污水处理工艺开展综合评价。

二、评价指标体系

建立农村生活污水综合评价指标体系，是科学评价农村生活污水处理工程处理效果的基础。虽然国内外已经开展了大量的有关农村分散污水处理技术的研究，但在技术评价指标体系构建方面，仅有少量针对城市污水处理厂可行性分析和运行效果的研究，而在农村生活污水处理技术评价方面的研究较少，尚未建立科学、系统、全面的农村生活污水处理技术评价的指标系统和评价方法。

农村生活污水处理技术有很多种，选择时不仅要考虑技术本身的适用性，还要考虑经济、管理以及环境等因素。农村生活污水处理技术评价应当遵循科学性及导向性原则，效益（经济效益、社会效益和生态效益）统一原则，可比性与可操作性相结合原则，相对性与绝对性、系统性相结合原则，定量与定性相结合原则。基于文献资料和项目研究实际情况，本书拟从技术、社会经济和环境三个层面选取 14 个指标，建立北京农村生活污水处理工艺评价指标体系，具体指标及解释如表 8-2 所示。

表 8-2　北京农村生活污水处理工艺综合评价指标

准则层	指标	分指标	指标解释	备注
社会经济 A1	单位投资成本 B1（元/t）	—	工程的土建、设备及安装费用	定量指标
	单位运行费用 B2（元/t）	—	运行维护费用	定量指标
	人均占地面积 B3（m^2/人）	—	工程设施人均占用土地面积	定量指标
技术 A2	污染物去除率 B4（%）	综合去除率 Y	基于因子分析的污染物综合指标去除率	定量指标
	工程运行的稳定性 B5	抗水力冲击负荷 C1	进水水量变化对出水水质的影响	定性指标
		抗污染物冲击负荷 C2	进水水质变化对出水水质的影响	定性指标
	技术操作和运行管理难易度 B6	自动化程度 C3	工艺自动化程度	定性指标
		工艺复杂程度 C4	工艺复杂程度	定性指标
	技术成熟度 B7	—	处理技术的开发年代、示范推广情况	定性指标
	气候适宜性 B8	—	处理技术对温度的适应范围	定性指标

续表

准则层	指标	分指标	指标解释	备注
环境 A3	污泥产量 B9	—	污水处理过程中产生的污泥	定性指标
	运行影响 B10	气味 C5	产生的臭气、甲烷、挥发性有机物等	定性指标
		噪声 C6	设备运行过程中产生的噪声	定性指标
	资源化利用程度 B11	—	处理后出水的去向或再利用方式	定性指标

三、指标权重赋值

层次分析法是一种定性和定量相结合的，系统化、层次化的分析方法。其赋权步骤主要包括构造判断矩阵、层次单排序及一致性检验、层次总排序及一致性检验。可使用 yaahp 工具，利用层次分析法对各层级指标进行权重赋值。利用层次分析法进行权重赋值包含了人为因素，为了减少人为因素的影响，通常采用专家打分的方法。目前，关于农村生活污水处理工艺评价已有许多研究，可参考文献资料中各专家打分结果，取其均值作为本书的指标权重赋值。根据文献资料，获取准则层的权重如表 8-3 所示。

表 8-3 准则层权重

准则层	权重 1	权重 2	平均权重
经济	0. 325	0. 321	0. 323
技术	0. 495	0. 451	0. 473
环境	0. 18	0. 228	0. 204

根据表 8-3 中准则层平均权重值，对文献中的各指标权重进行修正，得到新的指标权重赋值，如表 8-4 所示。

表 8-4 各指标权重

指标	文献中权重	权重修正
单位工程投资 B1（元/t）	0. 373	0. 120852
单位运行费用 B2（元/t）	0. 327	0. 105948
人均占地面积 B3（m^2/人）	0. 3	0. 0972
污染物去除率 B4（%）	0. 317	0. 149941
抗水力冲击负荷 C1	0. 114176	0. 054005
抗污染物冲击负荷 C2	0. 108824	0. 051474
自动化程度 C3	0. 1274	0. 06026
工艺复杂程度 C4	0. 0476	0. 022515
技术成熟度 B7	0. 158	0. 074734
气候适宜性 B8	0. 127	0. 060071
污泥产量 B9	0. 333	0. 067932
气味 C5	0. 188376	0. 038429
噪声 C6	0. 145624	0. 029707
资源化利用程度 B11	0. 333	0. 067932

根据表 8-5 指标等级划分，采用专家打分的方法，对各指标的数据进行赋值。

表 8-5 定性指标赋值等级

指标	评价等级				
	0. 2	0. 4	0. 6	0. 8	1
抗水力冲击负荷 C1	差	较差	一般	较好	好
抗污染物冲击负荷 C2	差	较差	一般	较好	好
自动化程度 C3	差	较差	一般	较易	易
工艺复杂程度 C4	复杂	较复杂	一般	较简单	简单
技术成熟度 B7	差	较差	一般	较成熟	成熟
气候适宜性 B8	差	较差	一般	较好	好
污泥产量 B9	高	较高	一般	较低	低
气味 C5	恶臭	比较臭	有点味道	仔细才能闻到	无
噪声 C6	吵闹加剧	吵闹	正常	安静	很静
资源化利用程度 B11	差	较差	一般	较好	好

四、综合评价结果分析

本书通过现场调研获取了各工艺 B1～B4 指标的数据（部分工艺的 B1～B2 指标数据通过文献资料获取），C1～B11 部分指标的数据通过专家打分取平均值获取。各指标数据通过“极值法”进行标准化，然后根据表 8-4 中的指标赋值计算综合得分。各工艺指标标准化结果及得分如表 8-6、表 8-7 所示。

按照指标得分对各工艺进行排序，并利用 R 语言“ggplot2”包绘制极坐标柱状图。各工艺综合得分排序结果（图 8-1A）表明，生态类工艺综合排名靠前，其中，人工湿地及其组合工艺表现优越。根据技术（图 8-1B）、社会经济（图 8-2A）和环境（图 8-2B）得分排序结果，生态类工艺虽然在技术层面表现较差，但在社会经济和环境影响层面均具有较大优势，故而综合得分较高。

不同生物工艺的综合性能差异较大，其中，MBR 工艺综合性能较好，生物接触氧化和生物转盘工艺综合性能较差。这主要是因为生物接触氧化和生物转盘的建设、运行维护成本较高，且对周围环境影响较大，其在社会经济和环境影响方面表现较差。此外，MBR 工艺及其与人工湿地组合工艺的综合表现优于 MBR 与其他工艺的组合，生物接触氧化与土地渗滤、兼性塘的组合工艺的综合性能优于生物接触氧化单独工艺，表明生物处理技术适合与自然生态技术组合运行。活性污泥工艺中，SBR 和 A^2O 表现较好，AO 一般，AO^2 和传统活性污泥法综合性能较差。AO 与 MBR 组合工艺的综合性能略优于 AO 单一工艺，但 AO 与人工湿地等其他工艺组合后综合性能更差，且 A^2O 单一工艺的综合性能优于其与 MBR、人工湿地等其他工艺的组合，说明 AO、A^2O 工艺更适合单独运行。AO、A^2O 在技术方面表现优越，但在社会经济和环境影响方面表现较差，这表明社会经济和环境因素是影响 AO、A^2O 工艺综合性能的重要因素。

厌氧处理技术（厌氧塘、厌氧生物处理和厌氧水解等）作为组合工艺的组成部分，也表现出较好的综合性能。生物滤池工艺综合性能较好，该工艺被认为在农村地区具有广阔应用前景。物化工艺中，除了膜分离技术综合性能相对较好外，其余工艺综合性能较差。

新型工艺中，VFL（垂直流迷宫技术）表现出较好的综合性能，而 rCAA（好氧-厌氧反复耦合污泥减量化技术）和超磁分离技术综合性能较差。这与其高昂的运行成本有关。

表 8-6　各工艺指标标准化结果

工艺	社会经济指标			技术指标							环境指标			
	B1	B2	B3	B4	C1	C2	C3	C4	B7	B8	B9	C5	C6	B11
AO	0.61	0.85	0.97	0.54	0.56	0.52	0.76	0.68	1	0.68	0.32	0.6	0.48	0.4
AO+MBR	0.43	0.61	0.60	0.77	0.76	0.8	0.64	0.44	1	0.72	0.68	0.76	0.48	0.68
AO+过滤分离	0.57	0.76	0.83	0.47	0.68	0.68	0.56	0.52	0.96	0.72	0.48	0.56	0.48	0.56
AO+膜分离	0.50	0.72	0.65	0.63	0.72	0.64	0.6	0.4	0.96	0.72	0.48	0.6	0.44	0.64
AO+人工湿地	0.79	0.79	0.30	0.58	0.8	0.84	0.56	0.6	0.96	0.4	0.44	0.4	0.56	0.76
AO^2	0.71	0.78	0.86	0.41	0.56	0.6	0.72	0.6	0.8	0.64	0.56	0.64	0.44	0.4
AO^2+厌氧水解+其他	0.64	0.83	0.68	0.72	0.72	0.68	0.4	0.32	0.8	0.64	0.68	0.48	0.4	0.52
A^2O	0.63	0.85	0.91	0.61	0.64	0.64	0.72	0.6	0.96	0.72	0.48	0.68	0.52	0.44
A^2O+生物接触氧化+过滤分离	0.21	0.63	0.99	0.60	0.72	0.76	0.4	0.32	0.92	0.68	0.68	0.68	0.36	0.52
A^2O+生物接触氧化+人工湿地	0.50	0.61	0.98	0.67	0.8	0.88	0.4	0.4	0.88	0.36	0.64	0.52	0.44	0.76
A^2O+MBR	0.41	0.61	0.53	0.69	0.76	0.8	0.64	0.36	1	0.64	0.72	0.76	0.44	0.56
MBR	0.66	0.65	0.91	0.63	0.56	0.56	0.88	0.68	0.96	0.8	0.6	0.88	0.52	0.56
MBR+人工湿地	0.71	0.78	0.69	0.79	0.72	0.8	0.68	0.6	0.92	0.44	0.76	0.6	0.76	0.84

续表

工艺	社会经济指标			技术指标							环境指标			
	B1	B2	B3	B4	C1	C2	C3	C4	B7	B8	B9	C5	C6	B11
MBR+生物接触氧化	0.07	0.00	0.98	0.19	0.68	0.72	0.64	0.48	0.92	0.76	0.6	0.72	0.56	0.64
MBR+生物滤池	0.64	0.83	0.75	0.54	0.72	0.68	0.6	0.44	0.8	0.72	0.6	0.76	0.6	0.72
rCAA	0.29	0.68	0.88	0.59	0.6	0.68	0.76	0.6	0.48	0.76	0.6	0.72	0.48	0.56
SBR	0.61	0.80	0.93	0.47	0.6	0.68	0.92	0.76	0.88	0.92	0.64	0.72	0.52	0.52
VFL	0.86	0.68	0.94	0.64	0.52	0.6	0.8	0.64	0.44	0.8	0.72	0.68	0.56	0.52
VFL+沉淀分离	0.84	0.68	0.91	0.71	0.6	0.68	0.64	0.48	0.48	0.8	0.8	0.68	0.6	0.6
超磁分离	0.10	0.83	0.94	0.48	0.6	0.48	0.96	0.64	0.48	0.88	0.84	0.76	0.48	0.36
沉淀分离	0.50	1.00	0.82	0.55	0.4	0.36	0.76	0.92	0.8	0.76	0.76	0.56	0.76	0.24
过滤分离	0.57	0.85	0.67	0.51	0.44	0.36	0.76	0.88	0.84	0.84	0.76	0.6	0.6	0.28
好氧生物处理法+厌氧生物处理法	0.71	0.83	0.93	0.89	0.56	0.6	0.52	0.56	0.88	0.68	0.6	0.6	0.56	0.6
化学混凝法+其他	0.57	0.61	0.94	0.56	0.4	0.28	0.56	0.64	0.84	0.64	0.56	0.6	0.68	0.32
活性污泥法	0.64	0.78	0.00	0.53	0.72	0.64	0.76	0.72	1	0.72	0.28	0.52	0.36	0.44
活性污泥法+MBR+AO	0.00	0.50	1.00	0.64	0.76	0.88	0.44	0.32	0.84	0.68	0.6	0.6	0.52	0.68
活性污泥法+SBR	0.43	0.87	0.98	0.84	0.84	0.76	0.64	0.4	0.88	0.76	0.6	0.6	0.4	0.56
膜分离	0.57	0.78	0.97	0.65	0.56	0.36	0.72	0.72	0.76	0.92	0.8	0.68	0.52	0.44
人工湿地	0.97	0.80	0.79	0.60	0.72	0.56	0.52	0.92	0.92	0.32	0.76	0.36	0.92	0.8
人工湿地+土地处理法+稳定塘	0.93	1.00	0.96	0.76	0.96	0.84	0.36	0.72	0.88	0.28	0.88	0.4	1	0.96
生化+MBR	0.57	0.72	0.92	0.34	0.72	0.68	0.48	0.48	0.84	0.72	0.72	0.72	0.6	0.6
生物接触氧化	0.56	0.39	0.92	0.64	0.6	0.6	0.8	0.68	0.92	0.6	0.52	0.56	0.52	0.48
生物接触氧化+兼性塘	0.53	0.61	0.82	0.68	0.8	0.84	0.56	0.64	0.84	0.36	0.6	0.48	0.6	0.8
生物接触氧化+人工湿地	0.91	0.78	0.66	0.61	0.92	0.92	0.56	0.6	0.92	0.36	0.68	0.44	0.6	0.84
生物滤池	0.71	1.00	0.85	0.46	0.52	0.52	0.76	0.72	0.88	0.48	0.64	0.6	0.68	0.6
生物膜法	0.66	0.65	0.78	0.47	0.48	0.6	0.8	0.72	0.88	0.56	0.56	0.6	0.68	0.52

续表

工艺	社会经济指标			技术指标						环境指标			
	B1	B2	B3	B4	C1	C2	C3	C4	B7	B8	B9	C5	C6	B11
生物转盘	0.29	0.78	0.17	0.84	0.56	0.64	0.88	0.68	0.92	0.64	0.44	0.6	0.52	0.52
土地渗滤	1.00	0.99	0.69	0.55	0.44	0.44	0.56	0.92	0.88	0.36	0.84	0.48	0.88	0.64
物理处理法	0.50	0.85	0.64	0.28	0.44	0.28	0.72	0.88	0.72	0.76	0.76	0.68	0.64	0.32
物理处理法+AO+沉淀分离	0.43	0.83	0.99	0.53	0.68	0.56	0.52	0.52	0.76	0.68	0.6	0.64	0.6	0.48
厌氧生物处理法+过滤分离	0.57	0.98	0.97	0.53	0.76	0.6	0.44	0.56	0.76	0.68	0.6	0.48	0.88	0.56
厌氧塘+土地渗滤	0.86	0.98	0.86	0.53	0.6	0.68	0.48	0.68	0.72	0.32	0.68	0.36	0.96	0.76

表 8-7 各工艺社会经济指标、技术指标、环境指标得分及综合得分

（R-Soc&Eco：社会经济指标得分；R-Tec：技术指标得分；
R-Env：环境指标得分；R-Com：综合得分）

工艺	Technologies	R-Soc&Eco	R-Tec	R-Env	R-Com
AO	AO	0.2581	0.3153	0.0862	0.6596
AO+MBR	AO+MBR	0.1749	0.3644	0.1359	0.6752
AO+过滤分离	AO+FS	0.2301	0.3022	0.1064	0.6387
AO+膜分离	AO+MS	0.1999	0.3262	0.1122	0.6383
AO+人工湿地	AO+AW	0.2083	0.3170	0.1135	0.6388
AO^2	AO^2	0.2520	0.2775	0.1029	0.6325
AO^2+厌氧水解+其他	AO^2+AH+Other	0.2314	0.3111	0.1118	0.6543
A^2O	A^2O	0.2546	0.3306	0.1041	0.6893
A^2O+生物接触氧化+过滤分离	A^2O+BCO+FS	0.1884	0.3084	0.1183	0.6151
A^2O+生物接触氧化+人工湿地	A^2O+BCO+AW	0.2203	0.3095	0.1282	0.6579
A^2O+MBR	A^2O+MBR	0.1657	0.3455	0.1292	0.6405
MBR	MBR	0.2371	0.3416	0.1281	0.7067
MBR+人工湿地	MBR+AW	0.2355	0.3479	0.1543	0.7377
MBR+生物接触氧化	MBR+BCO	0.1037	0.2661	0.1285	0.4984
MBR+生物滤池	MBR+BF	0.2382	0.3037	0.1367	0.6786
rCAA	rCAA	0.1926	0.2968	0.1207	0.6102

续表

工艺	Technologies	R-Soc&Eco	R-Tec	R-Env	R-Com
SBR	SBR	0. 2489	0. 3322	0. 1219	0. 7030
VFL	VFL	0. 2673	0. 2978	0. 1270	0. 6922
VFL+沉淀分离	VFL+PS	0. 2620	0. 3076	0. 1391	0. 7086
超磁分离	MagSep	0. 1914	0. 2907	0. 1250	0. 6070
沉淀分离	PS	0. 2461	0. 2947	0. 1120	0. 6528
过滤分离	FS	0. 2241	0. 2982	0. 1115	0. 6338
好氧生物处理法+厌氧生物处理法	ABT+AnBT	0. 2641	0. 3452	0. 1212	0. 7305
化学混凝法+其他	CC+Other	0. 2249	0. 2697	0. 1030	0. 5976
活性污泥法	ASM	0. 1600	0. 3316	0. 0796	0. 5711
活性污泥法+MBR+AO	ASM+MBR+AO	0. 1502	0. 3192	0. 1255	0. 5948
活性污泥法+SBR	ASM+SBR	0. 2394	0. 3695	0. 1137	0. 7227
膜分离	MS	0. 2458	0. 3179	0. 1258	0. 6895
人工湿地	AW	0. 2788	0. 2971	0. 1471	0. 7230
人工湿地+土地处理法+稳定塘	AW+ABT+SP	0. 3117	0. 3293	0. 1701	0. 8110
生化+MBR	CB+MBR	0. 2346	0. 2703	0. 1352	0. 6401
生物接触氧化	BCO	0. 1984	0. 3280	0. 1049	0. 6313
生物接触氧化+兼性塘	BCO+FP	0. 2084	0. 3209	0. 1314	0. 6607
生物接触氧化+人工湿地	BCO+AW	0. 2568	0. 3255	0. 1380	0. 7203
生物滤池	BF	0. 2744	0. 2811	0. 1275	0. 6830
生物膜法	BP	0. 2244	0. 2908	0. 1166	0. 6319
生物转盘	RBC	0. 1342	0. 3642	0. 1037	0. 6021
土地渗滤	LI	0. 2928	0. 2712	0. 1451	0. 7092
物理处理法	PT	0. 2127	0. 2421	0. 1185	0. 5733
物理处理法+AO+沉淀分离	PT+AO+PS	0. 2361	0. 2855	0. 1158	0. 6374
厌氧生物处理法+过滤分离	AnBT+FS	0. 2670	0. 2882	0. 1234	0. 6786
厌氧塘+土地渗滤	AL+LI	0. 2914	0. 2640	0. 1402	0. 6955

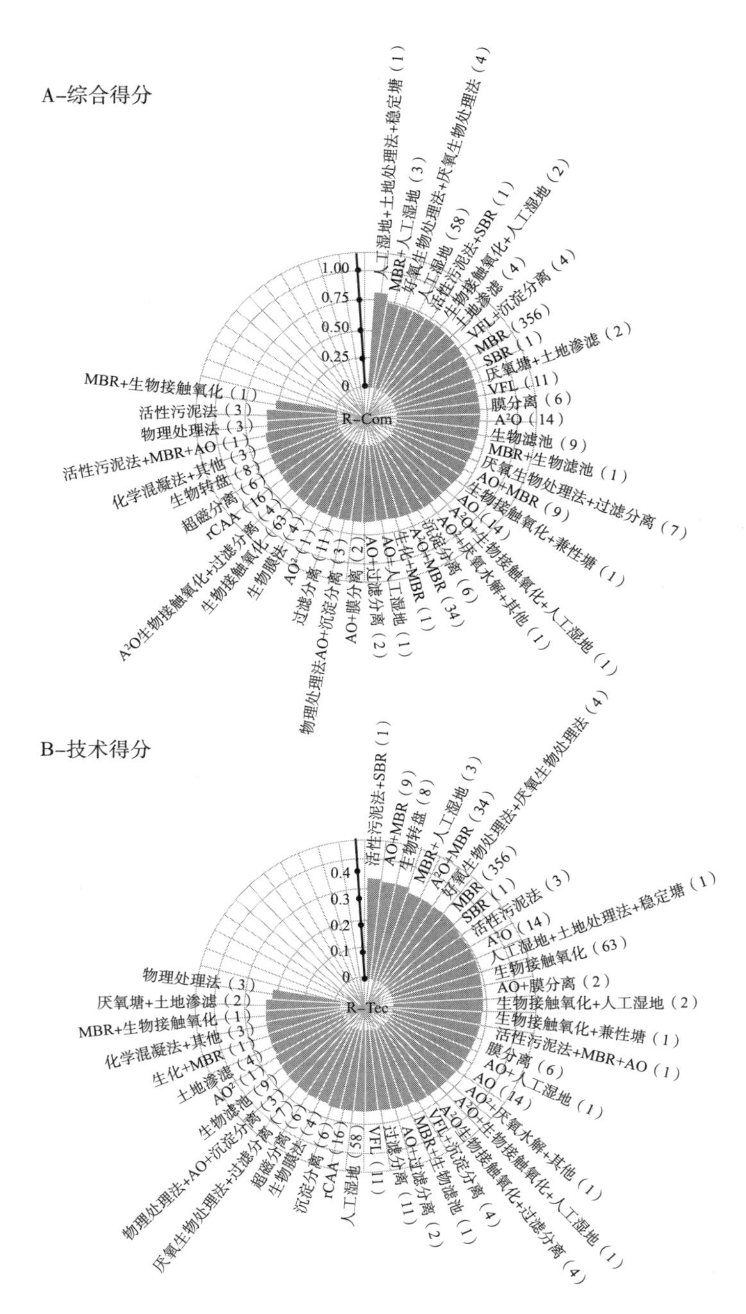

图 8-1　各工艺综合得分和技术得分及排序

注：括号中数字表示设施数量。

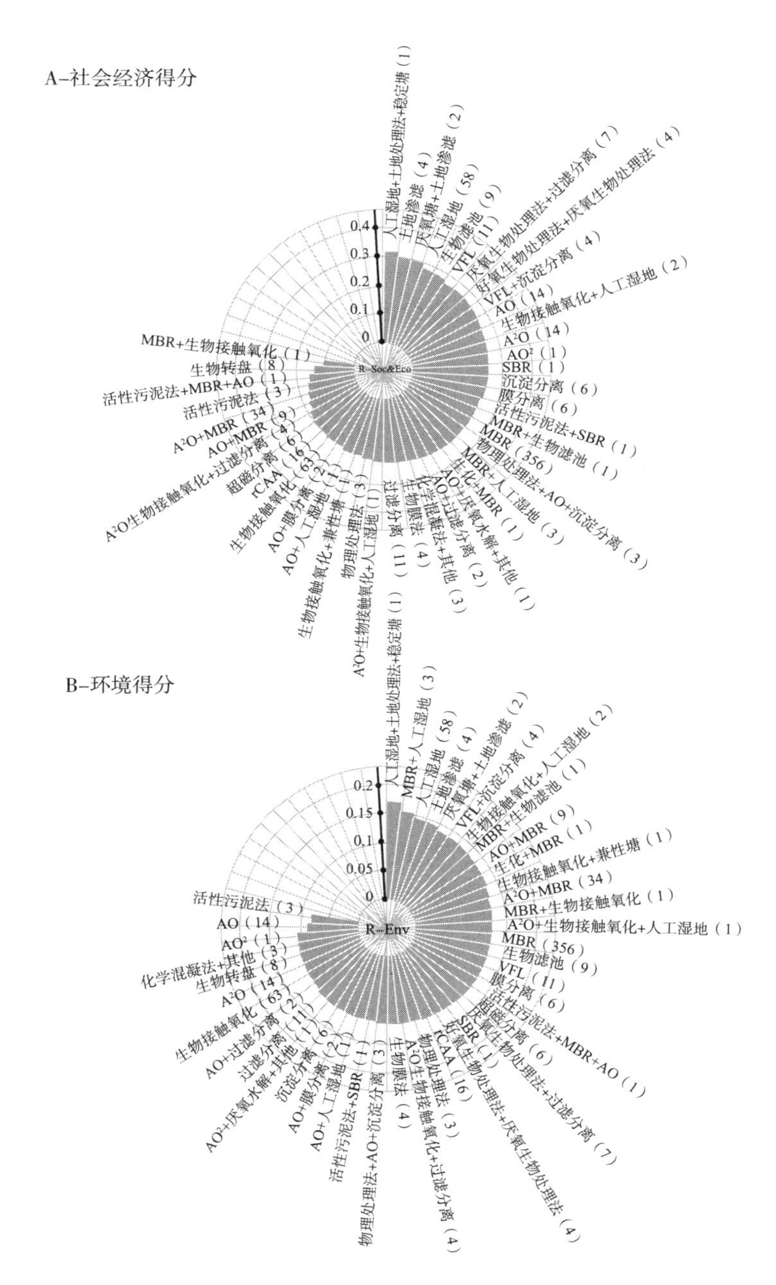

图 8-2 各工艺社会经济得分和环境得分及排序

注：括号中数字表示设施数量。

第九章

北京农村生活污水处理技术工艺选择

一、农村生活污水处理技术指南

（一）主要技术适应条件

北京市属于严重缺水地区，根据《华北地区农村生活污水处理技术指南》，农村生活污水处理应尽量与资源化利用相结合。华北地区农村生活污水处理实用技术主要包括化粪池、污水净化沼气池、普通曝气池、序批式生物反应器、氧化沟、生物接触氧化池、人工湿地、土地处理系统、稳定塘等。各类处理技术的适应条件如下：

1. 化粪池

化粪池可广泛应用于华北地区农村生活污水的初级处理，特别适用于生态卫生厕所的粪便与尿液的预处理。化粪池根据建筑材料和结构的不同，可分为砖砌化粪池、现浇钢筋混凝土化粪池、预制钢筋混凝土化粪池、玻璃钢化粪池等。根据池子形状可以分为矩形化粪池和圆形化粪池。华北地区农村化粪池可根据使用人数分为双格化粪池和三格化粪池。由于化粪池易产生臭味，建造化粪池最好建成地埋式，并采取密封防臭措施。若周围环境容许溢出，且地质条件较好、土壤渗滤系数较小，则可采取砖砌化粪池，其内外墙可采用 1∶3 水泥砂浆打底，1∶2 水泥砂浆粉面，厚度为20mm。若当地地质条件较差，如山区、丘陵地带，临近河流、湖泊或道路，则建议采取钢筋混凝土化粪池，对池底、池壁进行混凝土抹面以避免化粪池污水渗滤污染周边土壤和地下水，同时配套安装PVC或混凝土管道。

2. 污水净化沼气池

污水净化沼气池适用于一家一户或联户的分散处理，如果有畜禽养殖、蔬菜种植和果林种植等产业，可形成适合不同产业结构的沼气利用模式。

3. 普通曝气池

普通曝气池适用于污水量较大的情况，可用于对污水中有机物、氮和磷的净化处理。曝气池中经鼓风后的压缩空气温度与外界气温温差较大时（特别是冬季），空气管内容易产生冷凝水，使空气流动受阻，影响正常曝气，所以应经常排放冷凝水和湿气，排放完毕则立即关闭闸阀，防止空气流失。由于曝气池长期运行，死角的积泥应及时清除。为防止曝气头被污泥堵塞损坏，应定期清除、检修和更换曝气头。同时应对池内一般钢部件进行防腐处理，做好空气管路的防漏和检修工作，防止空气流失及供氧不足，造成能源浪费。

4. 序批式生物反应器

序批式生物反应器适用于污水量小、间歇排放、出水水质要求较高的地方，如民俗旅游村，湖泊、河流周边地区等，不但要去除有机物，还要求除磷脱氮，防止河湖富营养化，也适用于华北大部分水资源紧缺、用地紧张的地区。此法应用于小型污水处理设施，为适应流量的变化，反应池的容积应留有余量或采用设定运行周期等方法。但是，对于民俗旅游村等流量变化较大的场合，应根据维护管理和经济条件，考虑设置流量调节池。序批式生物反应器运行管理中要保证每个池充水的顺序连续性，运行过程中避免两个或两个以上的池子同时进水或第一个池子和最后一个池子进水脱节的现象。同时通过改变曝气时间和排水时间，对污水进行不同的反应测试，确定最佳运行模式，从而达到最佳出水水质、最经济的运行方式。在污泥沉降性能控制中，实际操作过程中往往会因充水时间或曝气方式选择不适当或操作不当而使基质积累过量，致使发生污泥的高黏性膨胀。为使污泥具有良好的沉降性能，应注意每个运行周期内污泥的 SVI 变化趋势，及时调整运行方式以确保良好的处理效果。

5. 氧化沟

氧化沟适用于处理污染物浓度相对较高的污水，处理规模宜大不宜小，适合村落污水处理。污水经过农村适用的氧化沟工艺的处理，出水通常达到或优于《城镇污水处理厂污染物排放标准》中的二级标准。如果受纳水体有更严格的要求，则需要进一步处理。

6. 生物接触氧化池

生物接触氧化池处理规模可大可小，可建造成单户、多户污水处理设施及村落污水处理站。为减少曝气耗电、降低运行成本，建议在华北地区的山区根据地形高差，利用跌水充氧完全或部分取代曝气充氧；若作为村落或乡镇污水处理设施，则建议在经济较发达地区采用该技术，可利用电能曝气充氧，提高处理效果。华北地区生物接触氧化装置应建在室内或地下，并采取一定的保温措施保证其冬季运行效果。

7. 人工湿地

人工湿地适合在资金短缺、土地面积相对丰富的农村地区应用，不仅可以治理农村水污染、保护水环境，而且可以美化环境、节约水资源。人工湿地的维护包括三个方面：水生植物的重新种植、杂草的去除和沉积物的挖掘。当水生植物不适应生活环境时，需调整植物的种类，并重新种植。植物种类的调整需要变换水位。如果水位低于理想高度，可调整出水装置。杂草的过度生长也给湿地植物的生长带来了许多问题。春天，杂草比湿地植物生长得早，遮住了阳光，阻碍了水生植株幼苗的生长。杂草的去除将会增强湿地的净化功能和经济价值。实践证明，人工湿地的植被种植完成以后，就要开始建立良好的植物覆盖，并进行杂草控制，这是最理想的管理方式。春季或夏季，建立植物床的前 3 个月，用高于床表面 5cm 的水深淹没湿地床可控制湿地中的杂草生长。当植物经过三个生长季节，就可以与杂草竞争。由于污水中含有大量的悬浮物，在湿地床的进水区易产生沉积物堆积，运行一段时间，需挖掘沉积物，以保持稳定的湿地水文水力及净化效果。

8. 土地处理系统

土地处理系统尤其适用于资金短缺、土地面积相对丰富的农村地区，在净化污水的同时可实现对其的资源化利用而获取经济效益。土地处理系统是一种无动力或微动力的利用自然土壤净化能力的污水处理技术，其运行维护方便、管理简单，仅需定时对格栅进行清渣，对植物进行收割，通过收割植物去除吸附在植物体中的营养物质。土壤对污染物的吸附是有一定限度的，污水中有机质含量较高时，土壤层中生物会快速生长，易引起布水系统和填料的堵塞。因此要考虑土壤的自净能力以及植物对污染物的吸收、降解能力，防止因水力负荷过大使土壤污染及出水不达标。维护时如检查到土壤表层有浸泡的现象，说明有堵塞现象或水力负荷过大，此时应停止布水，做进一步的检查。收割植物时应注意用轻型收割机或人工进行，防止重物压实填料层。慢速渗滤和快速渗滤系统的主要维护工作是布水系统和作物管理，投配的水量要合适，不能出现持续淹没状态。快速渗滤系统通常采用淹水、干化间歇式运行，以便渗滤区处于干湿交替状态，有益于硝化和反硝化，加强脱氮功能。快速渗滤系统表面应定期松土、割除表面杂草，使其表面疏松。北方冬季，地表结冰会引起以上两个系统的效果下降，运行时要特别注意寒冷气候对系统的影响。地表漫流系统需定期维护布水系统、割除表面杂草和检查虫害，保障系统运行期的处理效果。地下渗滤系统对进水的要求要比慢速渗滤系统和快速渗滤系统高一些。如果进水中颗粒物较多，应定期监测系统中不同埋深的土壤性质，防止填料层堵塞，造成壅水，使处理效率下降。地下渗滤系统表面可种植绿化草皮和植被，但具有较长根系的植物不宜采用，因为长根系可能引起土壤结构的破坏。

9. 稳定塘

稳定塘适用于干旱、半干旱地区，以及资金短缺、土地面积相对丰富的农村地区。可考虑采用荒地、废地、劣质地，以及坑塘和洼地等建设稳定塘处理中低污染物浓度的生活污水。稳定塘设计简单、施工简便，所需要的维护工作较少。日常维护中要注意保护塘内水生生物的生长，但也不能让水生生物过度生长，特别是藻类的快速繁殖会导致出水水质下降。塘是否出现渗漏是检查的重点，要注意对塘的出入水量进行定期测量，以查看有无渗漏。如果周边有地下井，也可抽取地下水进行检测，查看是否受到塘水的下渗污染。

（二）农村生活污水处理工艺选择

北京冬季较寒冷，农村生活污水处理设施应为地埋式或进行其他保温处理。地埋式设施应安装在冻土层以下。在居住分散、地形复杂、不便于管道收集的地区可采用单户或多户分散处理方式；搬迁村庄及旅游度假村、民俗村等可建立污水处理站进行集中处理。农村实用污水处理工艺主要分为以下两类，可根据不同处理要求选择合适的工艺：一是针对美丽乡村建设、农村人居环境整治或以农用为目的的农村生活污水处理设施和污水处理站宜以去除 COD 为主；二是对位于饮用水水源地保护区、风景名胜或人文旅游区、自然保护区、潮白河、永定河、大清河等重点流域及环境敏感区的村庄，污水处理设施要求同时具备对 COD、TN 和 TP 的去除能力，以防止区域内水体富营养化，达到保护当地水环境的目的。

（三）农村生活污水处理要求

农村生活污水处理宜采用生物膜法（厌氧生物膜池、生物接触氧化池、生物滤池、生物转盘等）、活性污泥法（生活污泥法、氧化沟活性污泥法、膜生物反应器等）、自然生物处理（人工湿地、稳定塘等）和物理化学方法（格栅、沉砂池、调节池和化学法除磷等）。在不断总结科研成果和实践经验的基础上，结合当地条件，宜选用新工艺、新材料、新设备。

农村生活污水处理应设置除渣设施和调节设施。除渣设施可选用机械格栅、人工格栅或格网。农村生活污水处理可设置沉砂池。自然生物处理应采取防渗措施，不得污染地下水。

农村生活污水处理产生的污泥应定期处理和处置，污泥处理与处置应符合资源化的原则。污泥处理可采用自然干化、堆肥的方式，也可采用与农村固体有机物协同处理或进入市政系统与市政污泥一并处理的方式。

此外，处理出水有消毒要求时，应增加消毒措施；处理出水有总磷去除要求时，应增加除磷措施；处理过程产生的臭气对人居环境造成污染时，应对臭气进行处理；处理设施产生的噪声对人居环境造成污染时，应采取降噪措施；处理设施供电可按三级负荷等级设计，重要地区的污水处理设施宜按二级负荷等级设计；低温地区污水处理设施应采取保温措施。

（四）农村生活污水处理方式

1. 分散处理

分散处理可采用预制化装置。厕所污水可采用就地处理或区域集中处理后资源化利用方式。生活杂排水单独处理可采用自然生物处理后资源化利用方式。

分散处理可根据需求采用下列主要技术路线：

1）去除 COD 技术路线 1

污水经过生物接触氧化单元处理达标后排放或资源化利用。

2）去除 COD 技术路线 2

在适宜布设生态单元的地区，污水经过厌氧生物膜单元处理再经自然生物处理单元处理达标后排放或资源化利用。

3）去除总氮技术路线

污水经过缺氧和好氧生物单元处理后排放或资源化利用。

2. 集中处理

集中处理可采用构筑物或预制化装置。集中处理可根据需求采用下列主要技术路线：

1）去除 COD 技术路线 1

污水经过生物接触氧化单元处理达标后排放或资源化利用。

2）去除 COD 技术路线 2

在适宜布设生态单元的地区，污水经过厌氧生物膜单元处理再经自然生物处理单元处理达标后排放或资源化利用。

3）去除总氮技术路线

污水经过缺氧和好氧生物单元处理后排放或资源化利用。

4）去除总氮、总磷技术路线

污水经过缺氧和好氧生物单元处理再经除磷单元处理后排放或资源化利用。

3. 纳入城镇污水管网处理

当村庄污水宜纳入城镇污水管网时，应将居民生活污水接入城镇污水管网，由城镇污水处理厂统一处理。管道、检查井和泵站设计应符合现行国家标准《室外排水设计规范》（GB 50014）的有关规定。

二、农村生活污水处理技术工艺选择

根据《华北地区农村生活污水处理技术指南》中对常用工艺的适用性评价，化粪池可应用于农村生活污水的初级处理，特别适用于生态卫生厕所的粪便与尿液的预处理。污水净化沼气池适用于一家一户或联户的分散处理。普通曝气池适用于污水量较大的情况，可用于对污水中有机物、氮和磷的净化处理。SBR 适用于污水量小、间歇排放、出水水质要求较高的地方，如民俗旅游村，湖泊、河流周边地区等，不但要去除有机物，还要求除磷脱氮，防止河湖富营养化。氧化沟适用于处理污染物浓度相对较高的污水，处理规模宜大不宜小，适合村落污水处理。生物接触氧化池处理规模可大可小，可建造成单户、多户污水处理设施及村落污水处理站。人工湿地适合在资金短缺、土地面积相对丰富的农村地区应用，不仅可以治理农村水污染、保护水环境，而且可以美化环境、节约水资源。土地处理系统尤其适用于资金短缺、土地面积相对丰富的农村地区，在净化污水的同时可实现对其的资源化利用而获取经济效益。稳定塘适用于干旱、半干旱地区及资金短缺、土地面积相对丰富的农村地区。

北京冬季较寒冷，农村生活污水处理设施应为地埋式或进行其他保温处理。地埋式设施应安装在冻土层以下。在居住分散、地形复杂、不便于管道收集的地区可采用单户或多户分散处理方式；搬迁村庄及旅游度假村、民俗村等可建立污水处理站进行集中处理。农村实用污水处理工艺主要分为以下两类，可根据不同处理要求选择合适的工艺：一是针对美丽乡村建设、农村人居环境整治或以农用为目的的农村生活污水处理设施和污水处理站宜以去除 COD 为主；二是对位于饮用水水源地保护区、风景名胜或人文旅游区、自然保护区、潮白河、永定河、大清河等重点流域及环境敏感区的村庄，污水处理设施要求同时具备对 COD、TN 和 TP 的去除能力，以防止区域内水体富营养化，达到保护当地水环境的目的。

（一）以去除 COD 为目标

对于污水不便于统一收集处理的单一或几户农户，其污水宜采用分散处理技术就地处理排放或回收利用。分户处理可采用预制化装置。厕所污水可采用就地处理或区域集中处理后资源化利用方式。生活杂排水单独处理可采用自然生物处理后资源化利用方式。

在经济条件较差，对污水处理要求不高，有消纳沼渣、沼液农田的地区，可采用化粪池和沼气池处理技术。在经济发达、出水水质要求较高的地区，可采用生物接触氧化技术，处理后的污水可直接排放或经生态或土地系统进一步处理后排放。在经济条件一般，对出水要求高，有较大面积闲置土地或周边有废旧坑塘的地区，可采用生态处理技术，包括人工湿地、生态滤池等。针对黑水农用的农户，可采用黑灰分离的模式处理污水。黑水收集后农用，灰水收集沉淀后进入人工湿地和土地处理单元，出水可直接排放或作为景观用水。

对于污水便于收集的村落，宜采用村落污水集中处理方式。在经济发达、地势平缓、可利用土地有限的地区，可采用以生物技术为主体的污水处理工艺，如生物接触氧化法、普通曝气池法。在经济较发达、地势有一定高差或有可利用土地的地区，宜以生态技术为主，包括人工湿地、稳定塘或土地处理系统等。

（二）以去除氮磷等营养盐为目标

具有脱氮除磷功能的污水处理工艺主要分为生化工艺和生化—生态组合工艺两类。前者占地面积小，但投资和运行费用较高；后者投资和运行费用较低，但占地面积较大。对经济不发达、土地面积充裕的地区，可仅采用生态工艺实现污水的脱氮除磷处理。

具有缺氧和好氧生物反应器的组合工艺，或单一反应器缺氧和好氧交替运行，可有效去除废水中的有机物和氨氮，使出水 COD、BOD_5、SS、NH_4^+-N 与 TN 等达标。将生物处理单元技术与人工湿地或土地过滤等生态处理系统相组合，可以更经济高效地去除污水中的有机污染物、氮和磷，但需占用较大土地面积。村庄农户污水经过化粪池或沼气池的初级处理后，进入生物处理单元，其出水再进入生态处理单元。生物处理单元技术可采用生物接触氧化法、普通曝气池法、SBR 和氧化沟等工艺，去除大部分有机物和部分氮磷；生态处理单元技术宜采用土地处理、人工湿地等，利用土壤和植物除磷。同时，人工湿地也可作为村庄景观，美化环境。

（三）以河流水质保护为目标

北京市临河湖地区的冬季气温长期处于 0℃以下，使已建地面污水处理设施的处理效率下降，污水处理难以实现达标排放。污染物截流入河技术以生态处理技术为主。在有条件的地区可修建稳定塘，夏季作为污水处理塘使用，冬季作为储存塘使用，将污水长时间存储后进行农业综合利用。经化粪池等预处理的污水，再经过稳定塘长时间储存，进入土地处理系统进行处理，可达到污染物截流的作用，出水水质明显改善。

三、农村生活污水处理技术选择推荐

根据污水处理技术装备综合评价结果，结合《华北地区农村生活污水处理技术指南》和《农村生活污水处理工程技术标准》等技术指导标准中农村生活污水处理工艺适用性评价的相关内容，对当前适用较为广泛且在北京农村地区有应用的 15 种工艺开展了适用性评价，并从“偏远人少薄弱山区”“生态功能保护地区”和“城乡接合部地区”三个方面推荐了优选工艺，如表 9-1 所示。

在偏远、人口分散、资金短缺的农村地区，推荐采用生态处理技术，如人工湿地、土地渗滤和生物滤池等，为了达到更高的水质标准，可对多个生态处理技术进行组合。生态处理技术中，优先推荐采用人工湿地工艺。人工湿地工艺适合在资金短缺、土地面积相对丰富的农村地区应用，不仅可以治理农村水污染、保护水环境，而且可以美化环境、节约水资源。

在具有生态功能保护需求的农村地区，推荐采用生物工艺以及生物工艺与生态工艺的组合工艺。MBR、SBR、AO、A^2O、生物接触氧化等工艺在技术性能和技术成熟度方面具有较大优势，能满足高要求水质标准。水质要求高且土地资源丰富的地区，可考虑生物工艺与人工湿地等生态工艺的组合工艺，以进一步提升污水治理水平。

在人口分布密集的城乡接合部地区，推荐采用能承载较大污染物负荷的生物工艺，如 SBR、AO、A^2O、生物接触氧化等。这些地区由于人口密度大，土地资源稀缺，需要占据较大土地面积的生态处理工艺，不是合理的选择。

表 9-1 常用污水处理工艺评价与选择推荐

类型	工艺	得分				评价	适用性	推荐指数		
		社会经济	技术	环境	综合			偏远人少薄弱山区	生态功能保护地区	城乡接合部地区
生态	人工湿地	0.28	0.30	0.15	0.72	优势：经济成本低，环境影响小；劣势：占地面积大，气候适应性差，抗冲击负荷差	适用于资金短缺、土地面积丰富、人口密度低的农村地区	*****	****	*
	土地渗滤	0.29	0.27	0.15	0.71	优势：经济成本低，环境影响小；劣势：技术性能较差，占地面积大	适用于资金短缺、土地面积丰富、排放要求不严、人口密度低的农村地区	****	*	*
	厌氧塘+土地渗滤	0.29	0.26	0.14	0.70	优势：经济成本低；劣势：技术性能较差，占地面积大	适用于资金短缺、土地面积丰富、排放要求不严的农村地区	****	*	*
	生物滤池	0.27	0.28	0.13	0.68	优势：经济成本较低，技术简单；劣势：技术性能较差，抗冲击负荷差	适用于资金短缺、排放要求不严、人口密度低的农村地区	***	*	*
生物	MBR	0.24	0.34	0.13	0.71	优势：技术性能好，占地面积小；劣势：经济成本较高	适用于资金充足、排放要求严格、土地资源少、人口较为密集的农村地区	*	****	****
	SBR	0.25	0.33	0.12	0.70	优势：技术性能好，占地面积小，抗冲击负荷强；劣势：经济成本较高，环境影响大	适用于资金充足、排放要求严格、土地资源少、人口密集的农村地区	*	***	*****
	A^2O	0.25	0.33	0.10	0.69	优势：技术性能好，抗冲击负荷强；劣势：环境影响大、占地面积大	适用于排放要求严格、土地资源丰富、人口数量多的农村地区	*	***	****

续表

类型	工艺	得分				评价	适用性	推荐指数		
		社会经济	技术	环境	综合			偏远人少薄弱山区	生态功能保护地区	城乡接合部地区
生物	AO	0.26	0.32	0.09	0.66	优势：技术性能好，抗冲击负荷强； 劣势：环境影响大、占地面积大	适用于排放要求严格、土地资源丰富、人口数量多的农村地区	*	***	****
	生物接触氧化	0.20	0.33	0.10	0.63	优势：技术性能好，抗冲击负荷强； 劣势：经济成本高、环境影响大	适用于排放要求严格、资金充足、人口数量多的农村地区	*	***	*****
	生物转盘	0.13	0.36	0.10	0.60	优势：技术性能好，抗冲击负荷强； 劣势：经济成本高、环境影响大	适用于排放要求严格、资金充足、人口数量多的农村地区	*	***	****
	活性污泥法	0.16	0.33	0.08	0.57	优势：技术性能好，抗冲击负荷强； 劣势：经济成本高、环境影响大、占地面积大	适用于排放要求严格、资金充足、土地资源丰富、人口数量多的农村地区	*	***	**
生物+生态	MBR+人工湿地	0.24	0.35	0.15	0.74	优势：技术性能好，抗冲击负荷强，环境影响小； 劣势：占地面积较大，成本较高	适用于排放要求严格、资金充足、土地资源丰富、人口数量多的农村地区	**	*****	***

续表

类型	工艺	得分				评价	适用性	推荐指数		
		社会经济	技术	环境	综合			偏远人少薄弱山区	生态功能保护地区	城乡接合部地区
新型	VFL	0.27	0.30	0.13	0.69	优势：技术性能好，抗冲击负荷强，占地面积小，经济成本较低；劣势：技术复杂，不太成熟，实际应用较少	适用于排放要求高、资金充足、土地资源紧张、人口数量多的农村地区	* *	* *	* * *
	rCAA	0.19	0.30	0.12	0.61	优势：技术性能好，抗冲击负荷强，占地面积小；劣势：技术复杂，不太成熟，实际应用较少，经济成本高	适用于排放要求高、资金充足、人口数量多的农村地区	*	* *	* * *
	超磁分离	0.19	0.29	0.13	0.61	优势：技术性能好；劣势：技术复杂，不太成熟，实际应用较少，经济成本高	适用于排放要求高、资金充足、人口数量多的农村地区	*	* *	* * *

注：5 颗 * 代表非常合适，4 颗 * 代表合适，3 颗 * 代表一般，2 颗 * 代表不合适，1 颗 * 代表不推荐。

第十章

提升北京农村生活污水治理水平的对策建议

一、加强顶层设计与系统规划

（一）优化顶层设计

根据《农村生活污水处理工程技术标准》（GB/T 51347—2019），农村生活污水处理宜以区级行政区域为单元，实行统一规划、统一建设、统一运行和统一管理。结合第二次全国污染源普查、第三次全国农业普查等结果，实时掌握全市农村生活污水处理设施运行、拆除、废弃等底数，以及名录变动情况，以便制定有针对性的管理政策。编制治污规划时，应当充分结合当地住房与城乡规划、土地利用规划、生态功能区划等规划内容，避免各规划之间出现相悖内容等情况。同时，按管网铺设条件、排水去向、纳入市政管网的条件、区域经济条件和管理水平等确定污水处理方式，尽可能采用更大规模的集中处理模式。工艺选择与设计方面，地方政府应当充分考虑当地社会、经济和环境治理发展现状以及已有的运维机制，出台适用于当地的农村生活污水治理设施工程技术指导意见，指导当地农村生活污水处理设施建设。此外，编制污水处理设施的建设规划应当纳入配套管网建设内容，实现污水处理设施建设与配套管网建设同步。

（二）优化农村生活污水处理设施的建设部署

根据《北京市进一步加快推进城乡水环境治理工作三年行动方案

（2019 年 7 月—2022 年 6 月）》，当前北京农村地区生活污水治理应当采用污染治理与资源利用相结合、工程措施与生态措施相结合，以一般水源地村庄、新增民俗旅游村庄、人口密集村庄为重点统一规划部署开展建设，同时结合农村户厕改造，采用收集—运输—处理等方式解决人口较少村庄的生活污水治理问题。当前北京农村地区集中式污水处理设施主要分布在重要水源地村庄和民俗旅游村庄，还应重视人口稠密的城乡接合部村庄的污水处理设施建设工作。同时，需着重加强农村地区污水管网建设工作，有效提升农村生活污水的收集处理率，减少各类污水直接排放对环境的影响；应加强对已有污水管网的检修工作，及时更换破损管道，保证污水的收集能力。

（三）建立统一管理的长效机制

以区级行政区域为单元，建立区级农村生活污水处理统一管控长效机制，对全区实行统一规划、统一建设、统一运行、统一管理。探讨业主自主、维护合同、运行许可、集中运行和集中运营等管理模式，强化复杂环境应对能力，实现对不同地域、不同污水系统的分级管理模式，避免管理“一刀切”，降低管理成本，提高管理效率。

二、加快农村生活污水处理设施建设与改造

（一）强化支管收集、雨污分流等管网建设

新建污水集中处理设施，必须合理规划建设服务片区污水收集管网，确保污水收集能力。老旧污水处理设施，需结合美丽乡村建设基础设施改造提升等工程，推动支线管网和出户管的连接建设，补上“毛细血管”，采取混错接、漏接、老旧破损管网更新修复等措施，加快消除污水收集管网空白区，提升污水收集效能。强化雨污分流管网建设，现有合流制排水

系统应加快实施雨污分流改造，新建污水处理设施的配套管网应同步设计、同步建设、同步投运，提升污水处理设施的处理效能。对于已建成的选址不合适、存在雨水倒灌或被雨水淹没的污水处理设施，应在现有集水、排水管网设施基础之上增加补救措施。针对远郊山区冬季污水收集管网、处理设施结冰等问题，建议改变设施建设模式，如更换成地埋式、变渠道为管道、增加保温措施等，消除不利影响。

（二）加快推动老旧设施更新改造

对已建成的农村生活污水处理设施，应当结合村庄社会经济发展情况和当地污水处理要求，按照“一站一策”的整治要求，因地制宜、因站施策，实施改造提升工程。对管网不配套、破损严重的污水处理设施，应根据实际情况接入乡镇污水管网，或尽快实施改建工程；对可以修复的设施，实施污水管网全面疏通和检修，及时更换需要维修、更新的设备；对应该实施污水处理工艺改造提升的设施，应根据新的工艺要求，对原有设施进行升级改造。

（三）优化处理工艺，解决出水不达标问题

不同的污水处理工艺对污染物去除性能、适用性存在较大差异，且影响因素较多，单一工艺难以保证出水达标，要强化单一工艺向组合工艺处理建设模式转化。不存在农村地区的“普适方案”，各区需根据村庄类型、工艺去除污染物的效率、工艺的适用性等条件，针对各村超标污染物类型选定适宜的污水处理工艺，优化已有和待建农村生活污水处理技术装备，以达到运行效果好、成本低、维护管理方便的效果，实现处理水质综合达标。如前所述，2003—2015 年，北京农村污水处理工艺模式主要向城镇污水处理模式看齐，主流工艺为 MBR，少部分为人工湿地和生物接触氧化。但在 2015 年后，北京农村新建污水处理设施遵循因地制宜的原则，种类开

始增多，主要采用组合工艺、“其他”类型的工艺，而不再是单独 MBR。针对远郊区污水处理设施常年低负荷运行、污水处理设施进水水质、水量的波动大、设施经常缺水等问题，建议有条件的村庄增加建设集污池，优化工艺参数，延长污水在设施中停留时间，确保处理设施长期稳定运行。此外，村级污水处理站以处理生活污水为主，部分村庄将养殖污水排入管道，导致运行调控难度增加、处理站出水不达标，应强化村庄养殖污水单独处理的管控措施。

三、优化农村生活污水处理运维管理机制

（一）建立在线监管平台，提升运行管理效率

依托互联网信息化技术建立智能化监管平台，将是农村生活污水处理设施运营管理的主要发展方向。根据现场调研发现，当前北京农村集中式污水处理设施普遍缺乏在线监测和监控设备。调研结果显示：只有 31.56% 的设施安装了在线监测设备；安装监控设备的设施数量更少，仅为 17.29%，而在广大山区安装在线监控和监测设备的污水处理设施比例更低。北京市及各区应当尽快建立农村生活污水处理设施在线管理平台，对污水处理设施的生产运营、水质监测、安全管理、数据分析等关键业务实施标准化信息模式管理；尽可能安装在线监控和监测设备，定期上传污水处理设施运行状况监测数据信息，实现数据采集、分析、控制、运营和档案管理“一站式”精细化、智能化管理，提高用户管理效率和生产水平。

（二）优化农村生活污水处理设施运行管理模式

建立完善的农村生活污水处理设施运行管理体系，明确责任主体，加大行政监管力度；建立以政府为主、社会参与的市场化运营机制，区、乡镇、运营方签订三方协议，村委会对设施运行情况进行监督；规范工作流

程，建立健全岗位责任、操作规程、运行费用核算及水质监测等各项规章制度；强化绩效考核，加强排水监管力度，制定奖惩措施，确保水质达标。

（三）完善专业化运维管理机制

委托专业公司运维将是北京农村地区污水处理设施运营管理的主要趋势。虽然目前北京大部分农村生活污水处理设施已委托专业公司运营，但尚未建立系统的管理制度来保障农村生活污水处理设施的良好运营，导致部分污水处理设施处于停运或废弃状态，未能发挥污水净化功能。同时，数量较多的农村集中式污水处理设施分布在地理条件复杂的生态涵养区，许多污水处理设施缺乏有效监管，存在“间歇运营”现象。即便是委托专业公司运行的污水处理设施，也存在“无人看守”现象，这普遍存在于位于丘陵或山地地带的污水处理设施。北京市相关管理部门应制定出台系统的管理、运维制度和相应标准，对农村生活污水处理设施的运营方选择与考核进行规范化管理。各区在委托运营方时，也应有针对性地制定运营方考核与管理制度及其实施办法。同时，各区应切实抓好运行经费保障工作，建立多元化的农村生活污水污染防治资金投入制度，积极拓宽资金渠道，切实保障运维经费及时到位，保证污水处理设施正常工作。

四、其他亟须开展的工作建议

着眼于服务北京农村生活污水治理宏观决策，开展农村生活污水治理关键影响因素及影响机制研究。农村生活污水处理设施运行效能受经济社会（如村庄人口密度、人均收入水平）、环境（如污水水质、海拔、温度/季节）和设施自身因素（如工艺种类、运营管理模式、建设方式、使用年限）的广泛影响，量化评估污水处理设施运行效能，深入挖掘影响农村生活污水处理效率的关键因素，可为相关工程技术标准的修订和优化污水处理设施的设计、运营与管理提供科学依据。

围绕北京农村分散型污水治理难题，开展分散农户污水排放、处理、去向等典型问题调研，分散农户生活污水收集、处理技术与装备研发，提出分散农户污水分质收集系统建设方案，探讨农村生活污水分质、分量处理与回用技术及工艺模式，进而有针对性地提出标准化、模块化污水处理装备模式。同时，开展分散农户污水治理管理对策研究，将是今后一段时期内北京农村水环境保护的一项重要工作。

参考文献

[1] An C, Mc Bean E, Huang G, et al. Multi-Soil-Layering Systems for Wastewater Treatment in Small and Remote Communities [J]. Journal of Environmental Informatics, 2016 (27): 131-144.

[2] Anderson J C, Jabari P, Parajas A, et al. Evaluation of cold-weather wastewater nitrification technology for removal of polar chemicals of emerging concern from rural Manitoba wastewaters [J]. Chemosphere, 2020 (253): 126.

[3] Austin D, Liu L, Dong R. Performance of integrated household constructed wetland for domestic wastewater treatment in rural areas [J]. Ecological Engineering, 2011 (37): 948-954.

[4] Barros P, Ruiz I, Soto M. Performance of an anaerobic digester-constructed wetland system for a small community [J]. Ecological Engineering, 2008 (33): 142-149.

[5] Batt A L, Kim S, Aga D S. Comparison of the occurrence of antibiotics in four full-scale wastewater treatment plants with varying designs and operations [J]. Chemosphere, 2007, 68 (3): 428-435.

[6] Benotti M, Brownawell B. Distribution of Pharmaceuticals in an Urban Estuary During Both Dry-and Wet-Weather Conditions [J]. Environmental Science and Technology, 2007 (41): 5795-5802.

[7] Cai K, Elliott C, Phillips D, et al. Treatment of estrogens and androgens in dairy wastewater by a constructed wetland system [J]. Water Research, 2012 (46): 2333-2343.

[8] Carroll S, Goonetilleke A, Thomas E, et al. Integrated Risk Framework for Onsite Wastewater Treatment Systems [J]. Environmental Management, 2006, 38 (2): 286-303.

[9] Chen J, Liu Y, Deng W, et al. Removal of steroid hormones and biocides from rural wastewater by an integrated constructed wetland [J]. Science of the Total Environment, 2019 (660): 358-365.

[10] Chen M, Chen J, Du P. An inventory analysis of rural pollution loads in China [J]. Water Science and Technology, 2006, 54 (11-12): 65-74.

[11] Cheng S, Li Z, Mang H, et al. Prefabricated biogas reactor-based systems for community wastewater and organic waste treatment in developing regions [J]. Journal of Water, Sanitation and Hygiene for Development, 2014 (4): 153-158.

[12] Cheng S, Li Z, Mang H, et al. A review of prefabricated biogas digesters in China [J]. Renewable and Sustainable Energy Reviews, 2013 (28): 738-748.

[13] Diaz-Elsayed N, Xu X, Balaguer-Barbosa M, et al. An evaluation of the sustainability of onsite wastewater treatment systems for nutrient management [J]. Water Research, 2017 (121): 186-196.

[14] Dong H, Qiang Z, Wang W, et al. Evaluation of rural wastewater treatment processes in a county of eastern China [J]. Journal of Environmental Monitoring, 2012 (14): 1906-1913.

[15] Gong L, Jun L, Yang Q, et al. Biomass characteristics and simultaneous nitrification-denitrification under long sludge retention time in an integrated reactor treating rural domestic sewage [J]. Bioresource Technology, 2012 (119): 277-284.

[16] Guo X, Liu Z, Chen M, et al. Decentralized wastewater treatment technologies and management in Chinese villages [J]. Frontiers of Environmental Science and Engineering, 2014 (8): 929-936.

[17] Hong Y, Huang G, An C, et al. Enhanced nitrogen removal in the treatment of rural domestic sewage using vertical-flow multi-soil-layering systems: Experimental and modeling insights [J]. Journal of Environmental Management, 2019 (240): 273-284.

[18] Huang Y, Wu L, Li P, et al. What's the cost-effective pattern for rural wastewater treatment? [J]. Journal of Environmental Management, 2022 (303): 1-10.

[19] Jin L, Zhang G, Tian H. Current state of sewage treatment in China [J]. Water Research, 2014 (66): 85-98.

[20] Leverenz H, Tchobanoglous G, Darby J. Clogging in intermittently dosed sand filters used for wastewater treatment [J]. Water Research, 2008 (43): 695-705.

[21] Li X, Zheng W, Kelly W. Occurrence and removal of pharmaceutical and hormone contaminants in rural wastewater treatment lagoons [J]. The Science of the Total Environment, 2013 (445-446c): 22-28.

[22] Liang X, Yue X. Challenges facing the management of wastewater treatment systems in Chinese rural areas [J]. Water Science and Technology,

2021，84（6）：1518-1526.

[23] Lu S，Zhang X，Wang J，et al. Impacts of different media on constructed wetlands for rural household sewage treatment [J]. Journal of Cleaner Production，2016（127）：325-330.

[24] Luo W，Yang C，He H，et al. Novel two-stage vertical flow biofilter system for efficient treatment of decentralized domestic wastewater [J]. Ecological Engineering，2014（64）：415-423.

[25] Shen J，Huang G，An C，et al. Biophysiological and factorial analyses in the treatment of rural domestic wastewater using multi-soil-layering systems [J]. Journal of Environmental Management，2018（226）：83-94.

[26] Yu C，Huang X，Chen H，et al. Managing nitrogen to restore water quality in China [J]. Nature，2019，567（7749）：516-520.

[27] Yu Y，Huang Q，Wang Z，et al. Occurrence and behavior of pharmaceuticals，steroid hormones，and endocrine-disrupting personal care products in wastewater and the recipient river water of the Pearl River Delta，South China [J]. Journal of Environmental Monitoring，2011，13（4）：871.

[28] Zheng Y，Lu G，Shao P，et al. Source tracking and risk assessment of pharmaceutical and personal care products in surface waters of Qingdao，China，with emphasis on influence of animal farming in rural areas [J]. Archives of Environmental Contamination and Toxicology，2020，78（4）：579-588.

[29] 北京市发改委．北京市社会主义新农村建设试点村工作实施方案 [EB/OL]．[2006-04-25]．https：//code.fabao365.com/law_302432.html.

[30] 北京市人民政府．北京市加快污水处理和再生水利用设施建设三年行动方案（2013—2015年）[EB/OL]．[2013-04-23]．http：//www.

beijing. gov. cn/zhengce/zfwj/zfwj/szfwj/201905/t20190523_ 72662. html.

[31] 北京市人民政府．北京市进一步加快推进污水治理和再生水利用工作三年行动方案（2016 年 7 月—2019 年 6 月）[EB/OL]．[2016-05-13]．http：//www. beijing. gov. cn/zhengce/zhengcefagui/201907/t20190701_ 100007. html.

[32] 北京市人民政府．北京市进一步加快推进城乡水环境治理工作三年行动方案（2019 年 7 月—2022 年 6 月）[EB/OL]．[2019-11-20]．https：//www. beijing. gov. cn/zhengce/zhengcefagui/201911/t20191129_ 726752. html.

[33] 北京市人民政府．北京市全面打赢城乡水环境治理歼灭战三年行动方案（2023—2025 年）[EB/OL]．[2023-01-19]．https：//www. beijing. gov. cn/zhengce/zfwj/zfwj2016/szfwj/202302/t20230210_ 2915279. html.

[34] 北京市人民政府．北京市“十四五”时期提升农村人居环境建设美丽乡村行动方案 [EB/OL]．[2022-03-17]．https：//www. beijing. gov. cn/zhengce/zhengcefagui/202203/t20220317_ 2632501. html.

[35] 北京市人民政府．实施乡村振兴战略扎实推进美丽乡村建设专项行动计划（2018—2020 年）[EB/OL]．[2018-02-09]．https：//www. beijing. gov. cn/gongkai/guihua/wngh/qtgh/201907/t20190701_ 100221. html.

[36] 北京市人民政府．提升农村人居环境 推进美丽乡村建设的实施意见（2014—2020 年）[EB/OL]．[2014-07-04]．https：//www. beijing. gov. cn/zhengce/zfwj/zfwj/bgtwj/201905/t20190523_ 75352. html.

[37] 北京市生态环境局，北京市市场监督管理局．农村生活污水处理设施水污染物排放标准 [S]．2019.

[38] 常越亚．农村生活污水处理生物生态组合技术优选及应用示范

[D]．上海：华东师范大学，2018.

[39] 陈江杰，贺雷蕾，刘锐，等．A^2O 设施处理长三角平原地区农村生活污水的效果 [J]．中国给水排水，2020，36（9）：75-82.

[40] 陈月芳，张宇琪，冯惠敏，等．微生物耦合铁碳微电解强化水生植物浮床对农村生活污水的深度处理 [J]．环境工程学报，2020，14（11）：1-17.

[41] 程铭．欧美日农业环境政策对我国农业生态环境治理的启示 [J]．环球经济，2014（11）：101-103.

[42] 崔家荣．农村环境污染主要成因及防治对策探讨 [J]．环境与可持续发展，2015，40（3）：60-62.

[43] 邓小刚．海南农村生活污水治理探索与思考 [J]．环境保护，2017，45（12）：26-28.

[44] 堵锡忠，周学胜，李娟，等．北京市坚持人民至上，突出首善标准 [J]．城乡建设，2022（9）：22-26.

[45] 杜婷婷，王鑫，牛兵兵．北京市农村污水收集处理现状调研及投资政策研究 [J]．市政技术，2020，38（5）：261-263.

[46] 段德罡，谢留莎，陈炼．我国乡村建设的演进与发展 [J]．西部人居环境学刊，2021，36（1）：1-9.

[47] 范彬．日本农村生活污水治理的组织管理与启示 [J]．水工业市场，2010（1）：24-27.

[48] 冯红英．乡村人居环境建设的国际经验与国内实践 [J]．世界农业，2016，441（1）：149-153.

[49] 高生旺，黄治平，夏训峰，等．农村生活污水治理调研及对策建议 [J]．农业资源与环境学报，2022，39（2）：276-282.

[50] 耿坤．农村污水处理方式评价——以天津市为例［J］．天津经济，2013（2）：39-41.

[51] 龚园园，张照韩，于艳玲，等．我国南北农村生活污水处理模式研究［J］．现代生物医学进展，2012，12（1）：132-136.

[52] 顾华．北京市农村污水处理成效及经验探讨［J］．中国建设信息（水工业市场），2009（6）：19-21.

[53] 郭芳，陈永，王国田，等．我国农村生活污水处理现状、问题与发展建议［J］．给水排水，2022，58（S1）：68-72.

[54] 郝目远，马宁，刘操，等．北京市农村生活污水处理适宜模式研究［J］．北京水务，2019（1）：20-24.

[55] 郝爽，李硕，蔡立志．北京市农村供水工程规模化发展研究［J］．城镇供水，2023（1）：94-98.

[56] 华超美，吕园，黄鹏，等．国外乡村人居环境建设经验与启示——以美、德、日、韩四国为例［J］．甘肃农业，2022（4）：48-51.

[57] 黄安涛，刘君，邱敬贤，等．农村生活污水处理设备工艺及原理分析［J］．再生资源与循环经济，2019，12（1）：34-37.

[58] 黄锦楼，陈琴，许连煌．人工湿地在应用中存在的问题及解决措施［J］．环境科学，2013，34（1）：401-408.

[59] 黄鹏飞，许可，张晓昕．北京村镇污水处理现状分析和规划对策研究［J］．北京规划建设，2015（5）：90-93.

[60] 贾文龙．韧性治理视域下农村人居环境整治的现实困境及路径创新研究［J］．农村经济，2023（6）：53-63.

[61] 贾小宁，何小娟，韩凯旋，等．农村生活污水处理技术研究进展水处理技术［J］．2018，44（9）：22-26.

［62］江成，饶红敏，熊继海，等．鄱阳湖流域农村生活污水处理现状及技术模式［J］．环境工程，2018，36（10）：9-12.

［63］矫旭东，杜欢政．中国生态宜居和美丽乡村建设路径研究［J］．中国农学通报，2019，35（28）：158-164.

［64］鞠昌华，张慧．乡村振兴背景下的农村生态环境治理模式［J］．环境保护，2019，47（2）：23-27.

［65］孔德，张晓岚．农村污水处理运行模式的国际经验及对我国的启示［J］．环境保护，2019，47（19）：61-64.

［66］李静，王如琦．上海市农村生活污水处理主要问题及对策建议［J］．中国水运（下半月），2015，15（8）：171-172.

［67］李鹏峰，孙永利，隋克俭，等．我国农村污水处理现状问题分析及治理模式探讨［J］．给水排水，2021，57（12）：65-71.

［68］李先宁，吕锡武，孔海南，等．农村生活污水处理技术与示范工程研究［J］．中国水利，2006（17）：19-22.

［69］李宪法，许京骐．北京市农村污水处理设施普遍闲置的反思（Ⅰ）［J］．给水排水，2015，51（6）：48-50.

［70］李宪法，许京骐．北京市农村污水处理设施普遍闲置的反思（Ⅱ）——美国污水就地生态处理技术的经验及启示［J］．给水排水，2015，51（10）：50-54.

［71］梁凯．生物处理技术在高浓度有机废水处理中的研究进展［J］．工业水处理，2011，31（10）：1-5.

［72］廖日红．北京市农村污水处理技术的研究与应用［J］．水工业市场，2012（9）：42-45.

［73］刘艾鑫．基于生态美学视域下东北地区美丽乡村建设研究——

以长春市（九台区）马鞍山村美丽乡村建设为例［J］. 环境保护，2021，49（8）：64-66.

［74］刘建伟，赵高辉. 基于AHP的北京市典型农村污水处理技术适用性评估［J］. 水利水电技术，2019，50（5）：260-267.

［75］刘俊新. 因地制宜，构建适宜的农村污水治理体系［J］. 给水排水，2017，53（6）：1-3.

［76］卢青，王彬，黄明. 我国农村人居环境问题研究述评［J］. 社会科学动态，2023（5）：81-87.

［77］吕建华，林琪. 我国农村人居环境治理：构念、特征及路径［J］. 环境保护，2019，47（9）：42-46.

［78］潘赛，邢美燕，王寅，等. 蚯蚓生物滤池污水处理研究进展［J］. 中国给水排水，2015（22）：22-26.

［79］彭震伟，陆嘉. 基于城乡统筹的农村人居环境发展［J］. 城市规划，2009，33（5）：66-68.

［80］邱春林. 国外乡村振兴经验及其对中国乡村振兴战略实施的启示：以亚洲的韩国、日本为例［J］. 天津行政学院学报，2019（1）：81-88.

［81］邱彦昭，孙迪，张强，等. 北京市重要水源地保护区农村污水处理现状分析［J］. 北京水务，2015（3）：31-33.

［82］曲延春，赵广健. 农村人居环境整治中的政策规避问题及其矫正［J］. 理论导刊，2023（7）：81-86.

［83］任朝斌，于磊，顾华，等. 京郊生活污水处理设施运行现状调研与分析［J］. 中国给水排水，2013，29（14）：5-8.

［84］阮晓卿，蒋岚岚，陈豪，等. 江苏不同地区典型农村生活污水

处理适用技术［J］. 中国给水排水，2012（18）：51-54.

［85］沈费伟，刘祖云. 发达国家乡村治理的典型模式与经验借鉴［J］. 农业经济问题，2016，37（9）：93-102，112.

［86］沈丰菊，张克强，李军幸，等. 基于模糊积分模型的农村生活污水处理模式综合评价方法［J］. 农业工程学报，2014，30（15）：272-280.

［87］谭平，马太玲，赵立欣，等. 巢湖农村生活污水产排污系数测算及处理模式分析［J］. 中国给水排水，2012，28（13）：88-91.

［88］唐贺. 我国北方农村污水来源及处理技术［J］. 地下水，2016，38（3）：87-89.

［89］唐建兵. "安吉模式"对美好乡村建设的借鉴与启示［J］. 衡水学院学报，2015，17（4）：18-22.

［90］唐宁，王成，杜相佐. 重庆市乡村人居环境质量评价及其差异化优化调控［J］. 经济地理，2018，38（1）：160-165，173.

［91］唐相龙. 日本乡村建设管理法规制度及启示［J］. 小城镇建设，2011（4）：100-104.

［92］全国栋，应珊婷，姚晗珺，等. 中国美丽乡村标准化发展路径与经验［J］. 江苏农业科学，2019，47（17）：36-40.

［93］王宾，于法稳. "十四五"时期推进农村人居环境整治提升的战略任务［J］. 改革，2021（3）：111-120.

［94］王波，郑利杰，王夏晖. 现代农村生活污水治理体系实现路径研究［J］. 环境保护，2020，48（8）：9-14.

［95］王浩，李文华，李百炼，等. 绿水青山的国家战略、生态技术及经济学［M］. 南京：江苏凤凰科学技术出版社，2019.

[96] 王红强，夏仙兵，马立峰，等．农村分散式生活污水收集处理工程实例 [J]. 工业用水与废水，2017，48（5）：80-82.

[97] 王鸿远，陈子爱，潘科，等．MBR 工艺在农村生活污水处理中的应用 [J]. 中国沼气，2020，38（3）：42-45.

[98] 王建，叶振宇，周祖荣．运用生活污水净化沼气技术处理农村生活污水 [J]. 农业资源与环境学报，2008，25（3）：80-81.

[99] 王健．谈村镇污水处理工程设计 [J]. 山西建筑，2013，39（21）：131-132.

[100] 王夙，邹斌，潘春芳，等．农村生活污水典型处理技术与发展 [J]. 中国资源综合利用，2009（8）：47-49.

[101] 王志强．德国绿色环境技术产业发展现状及政策机制分析 [J]. 全球经济科技瞭望，2010，25（3）：14-19.

[102] 卫宝龙，严力蛟，李建新，等．中国要美，农村必须美——美丽乡村的中国之路 [M]. 北京：中国农业出版社，2019.

[103] 吴良镛．创造我国人居环境的新景象 [J]. 建筑学报，1990（8）：7-8.

[104] 吴良镛．人居环境科学的探索 [J]. 规划师，2001（6）：5-8.

[105] 吴新忠，纪向东，张翠英，等．我国农村污水处理技术应用现状 [J]. 绿色科技，2015（11）：178-180.

[106] 吴歆悦．浅谈中国西南农村地区生活污水分散式处理现状 [J]. 四川环境，2015，34（5）：99-105.

[107] 夏斌，盛晓琳，许枫，等．A^2O 与人工湿地组合工艺处理长三角平原地区农村生活污水的效果 [J]. 环境工程学报，2020，15（1）：1-13.

［108］谢林花，吴德礼，张亚雷．中国农村生活污水处理技术现状分析及评价［J］．生态与农村环境学报，2018，34（10）：865-870.

［109］杨国文．北方农村环境综合整治“以奖促治”项目生活污水处理技术与方案选择的探讨［J］．中国西部科技，2012，11（7）：66-68.

［110］杨瑞，李立军．北方地区农村污水处理技术探索［J］．山西建筑，2017，43（16）：128-130.

［111］杨新宇．浅议西北农村地区污水处理技术的选择［J］．建设科技，2014（14）：80-81.

［112］叶齐茂．京郊百村基础设施和公共服务设施的现实与追求［J］．北京规划建设，2006（3）：33-35.

［113］于法稳，胡梅梅，王广梁．面向2035年远景目标的农村人居环境整治提升路径及对策研究［J］．中国软科学，2022（7）：17-27.

［114］俞雅乖，李淑莹．浙江省乡村人居环境综合评价及其空间分异［J］．西部经济管理论坛，2019，30（1）：37-44，78.

［115］张朝辉．法国德国生态环境保护的经验与启示［J］．两型社会，2012（3）：18.

［116］张大玉，甘振坤．北京地区传统村落风貌特征概述［J］．古建园林技术，2018（3）：82-89.

［117］张慧智，周中仁，庞文，等．北京市农村污水处理现状、问题及发展建议［J］．环境保护，2021，49（11）：43-46.

［118］张蕾．通州区农村生活污水处理适用技术的调查与分析［D］．天津大学，2010.

［119］张永合．我国农村生活污水处理现状及改进措施［J］．科技创新与应用，2022，12（30）：108-111.

［120］赵志强．北京市昌平区新农村污水处理技术探讨［J］．水利水电技术，2010，41（3）：29-33.

［121］周扬胜．北京市城乡供热取暖清洁化历程及启示［J］．环境与可持续发展，2020，45（3）：57-66.

［122］朱铭捷，顾华，刘大伟，等．北京村镇污水处理设施运行管理机制探讨［J］．北京水务，2009（1）：27-29.

［123］住房和城乡建设部．农村生活污水处理工程技术标准［S］．2019.

重要术语索引

后　记

本书是在北京市科技计划《农村污水处理技术装备筛选评估》（Z181100005518010）和北京市发展和改革委员会《推进实施乡村振兴战略的对策研究》《“十四五”时期北京市推进乡村振兴战略实施规划前期研究》等项目课题支持下撰写完成的。本书能够顺利出版，得益于北京市科学技术委员会的资助，在此表示感谢。

关于农村人居环境整治的相关研究主要依托于本人近15年来对北京农村环境的持续跟踪研究，特别是2017年国家乡村振兴战略的提出，按照二十字方针中“生态宜居”的总体要求，重点对北京美丽宜居乡村建设进行的系统调研和对国内外典型区域的科学考察所形成的一些感悟、思考。在调查研究过程中，先后得到原北京市科学技术委员会张光连副主任、邢永杰处长、郑俊处长、李京霖博士，原北京市农村工作委员会郭子华处长、李东伟处长，原北京市农业局史殿林处长、王宇处长，原北京市农村建设办公室苏棣棠主任、李然副主任，北京市农业农村局王修达委员、魏惠东总经济师、李源茂副处长，北京市发展和改革委员会王颖捷副主任、赵云龙处长、徐志刚副处长等相关政府主管部门领导的大力支持，并就北京农村环境建设，特别是农村人居环境相关问题提出了许多宝贵意见和建议，在此表示诚挚的感谢。特别是北京师范大学环境学院冯成洪教授课题组、北京市环科院陈淑峰高级工程师课题组在关于北京市农村污水处理技术装备问题的调查研究过程中给予了大量技术性支持，他们为本成果的形成付出了巨大努力，对此表示深深的感谢！

还要特别感谢北京市经济社会发展研究院朱跃龙研究员、中国农业科学研究院张庆忠研究员、国家住宅工程研究中心张晓彤研究员、21 世纪创新研究院王仕涛研究员、中国农业大学周圣坤教授、北京农学院唐衡教授和徐广才教授、首都经济贸易大学张强教授、中国环境科学研究院王之晖研究员、轻工业环境保护研究所程言君研究员、中国科学院生态环境研究中心石宝友研究员、北京林业大学贠延滨教授等专家在本成果形成的各个阶段所提出的大量中肯意见和建议，使得本项成果研究方法更加科学，研究思路更加清晰，研究内容更加合理。

本成果的形成还依托于北京市农林科学院数据科学与农业经济研究所、北京市农林科学院乡村振兴研究中心和农业农村部华北都市农业重点实验室等平台，充分利用其多年积累的各类资料、各类资源。北京市农林科学院数据科学与农业经济研究所于峰研究员、龚晶研究员、孙素芬研究员、王爱玲研究员、陈俊红研究员、张慧智副研究员、陈玛琳副研究员、陈慈副研究员、杜洪燕副研究员、赵姜副研究员、陈香玉博士等领导与同事在各类调研、考察、座谈和研讨过程中，给予了充分支持与帮助，并提出了许多非常有价值的建设性建议，在此一并表示诚挚谢意！

需要特别说明的是，本书数据除现场调研获得外，主要来源于各类政府统计年鉴、公报、文献等。本研究还参阅了政府部门及知名研究机构的公开报告，由于篇幅所限，未能在正文中全部标注，深表歉意！最后需要指出的是，本书内容只反映作者个人观点，不代表任何官方或非官方机构立场。尽管本人多年来一直跟踪北京市农村人居环境研究工作，但因时间精力和研究水平有限，书中偏颇、不成熟、不完善之处在所难免，欢迎读者对本书提出宝贵意见和建议。

周中仁

2023 年 8 月于北京